EXPERIENCE

EXPLORE DREAM

SCIENCE

# SEED
# 科学实验室

## 姜　嵘　主编

上海科学技术文献出版社
Shanghai Scientific and Technological Literature Press

图书在版编目（CIP）数据

SEED 科学实验室 / 姜嵘主编 . —上海：上海科学技术文献出版社，2021
ISBN 978-7-5439-8253-6

Ⅰ . ① S… Ⅱ . ① 姜… Ⅲ . ① 科学实验—青少年读物 Ⅳ . ① N33-49

中国版本图书馆 CIP 数据核字 (2020) 第 272504 号

责任编辑：苏密娅
封面设计：袁 力

SEED 科学实验室
SEED KEXUE SHIYANSHI
姜 嵘 主编
出版发行：上海科学技术文献出版社
地　　址：上海市长乐路 746 号
邮政编码：200040
经　　销：全国新华书店
印　　刷：昆山市亭林印刷有限责任公司
开　　本：720mm×1000mm 1/16
印　　张：20
版　　次：2021 年 1 月第 1 版 2021 年 1 月第 1 次印刷
书　　号：ISBN 978-7-5439-8253-6
定　　价：98.00 元
http://www.sstlp.com

# 《SEED 科学实验室》编写委员会

**主　编**　姜　嵘

**副主编**　周　静　郑　臻

**编　委**（按姓氏笔画排序）

王　海　刘皂燕　李菊梅　杨长泓　吴为安

宋晓辉　张美莲　陆英华　陆　蔚　陈宏宇

金朋珏　郑　臻　顾允一　盛　洁　梁　起

谢　昊　蔡雯曦

# 序 一

科学技术是第一生产力,科技的进步,离不开创新人才的培养。青少年科技教育是科技创新的基础,是未来科创人才的孵化器。长宁区非常重视青少年科技教育工作,将其作为区域"活力教育"主旋律中的加强音符。

长宁区位于上海市中心城区西部,具有良好的区位优势和深厚的历史文化底蕴,为科技创新教育提供了良好的育人环境。近年来,长宁区全力打造创新驱动、时尚活力、绿色宜居的国际精品城区,区内科技园建设迅速,科技公司、信息技术公司等高新技术公司众多。浓郁的科创氛围和丰富的教学资源为区域科技教育提供了良好的软硬件基础,也对青少年科技教育提出更高要求。长宁青少年科技教育从学生受益、百姓满意的角度出发,坚持"惠泽"理念,坚守"公益"底线,以培养青少年创新精神和实践能力为重点,组织开展了形式多样、内容广泛的科技教育活动,取得了良好的社会效果,为区域青少年科技教育的发展营造了良好社会环境。"飞的梦想""创客ING""人工智能进校园"等系列活动已经擦亮了青少年科技教育的长宁品牌;"科技走校"的持续开展、"创新大赛"的优异成绩也在家长们心目中树立了良好的长宁教育口碑。

上海市长宁区少年科技指导站是一所专门从事科学技术教育的公办校外教育机构,为长宁区学籍的中小学学生、幼儿园小朋友提供教育服务。长宁区少科站的教师们顺应时代发展,尊重学生身心发展规律,设计开发了"SEED"系列青少年科技课程。"SEED"寓意播撒科学(Science)的种子,通过引导孩子们参与体验(Experience)和探究(Explore)过程,实现科创梦想(Dream)。《SEED科学实验室》便是其中一类课程的合集。这些课程具有实践性,青少年科技教育的特点之一便是注重实践,所以要让学生养成积极思维和动手实践的习惯,利用已有相关学科知识,根据自己选择的课程内容,在课程实践中设计探究问题的技能和科学方法。这些课程具有创新性,创新是青少年科技教育的特色,通过课程实施来引导学生运用科学思想去提出新的问题,运用已有的知识、经验和方法解决新问题,充分培养学生的创新能力。

　　闪亮的品牌、良好的口碑需要沉淀和积累,更需要开拓和创新。"十四五"期间,长宁区将着力打造"长宁青少年科创中心",更新硬件设施,提升软件能级,更好地致力于学生科学探究兴趣、科技创新思维、动手实践能力的培养,更好地承担传播科学思想、普及科学知识、倡导科学方法、弘扬科学精神的使命。相信以《SEED科学实验室》为代表的科技教育特色课程将成为"长宁青少年科创中心"的一抹亮彩,让科技创新的种子在青少年学生心里生根发芽。

熊秋菊

上海市长宁区教育局局长

# 序 二

在我国，青少年科技教育分别在校内与校外两个阵地展开，各级各类学校和中国科协青少年科技教育机构成为其主要的实施单位。由于分属不同的行政管理体系，两者间虽有联系有合作，但校外青少年科技教育机构的作用和价值却容易被忽略和边缘化。事实上，与中小学校相比，校外机构在开展青少年科技教育方面有很多优势。第一，不受规定的教学时间、统一的课程标准、标准化考试等的束缚，可以为对科学真正有兴趣的学生进行个别化的、有针对性的教育，满足他们的好奇心，吸引他们走进科学的殿堂。这弥补了学校教育面向全体、难顾个体的遗憾。第二，在学习和指导方面，不是按照学科知识逻辑拾阶而上，而是以问题为中心，运用研究性学习、情景化学习、基于问题的学习、小组合作学习等方式，引导学生在"做中学"，将数学、物理、化学、生物、地理、计算机及相关知识运用于实际问题的解决。这为学生提供了有别于学校教育的另类学习经历，有助于学生科学素养的提升。第三，可以整合和利用更多的社会资源，带领学生探索书本知识以外感兴趣的未知领域。这有助于引导学生在享受科学乐趣、感叹科学神奇的同时，理解自己平日学习的意义，进而激发学习的内在动力，立下献身科学的远大志向。由此可见，在青少年科技教育方面，校内与校外两个阵地，如人之双手、鸟之两翼，相辅相成，不可或缺，无法替代。为了让更多的青少年了解科学知识、掌握科学方法、形成科学思维、崇尚科学精神、具备科学素养，全社会应该进一步加强科教联手，更加主动地发挥校外教育机构的育人价值。

上海市长宁区少年科技指导站是中国科协青少年科技教育体系中的一个基层站点，人数不多，但作用不小。近年来，少科站在长宁区教育局的统一领导下，秉承"让科技教育惠泽每一位学生"的理念，利用设在每所学校内的科技总辅导员这个网络，拾遗补缺，见缝插针，开展了很多丰富多彩、有声有色的科技教育活动，受到区内中小学教师、学生的欢迎，在教育局组织的历次评价中均获得名列前茅的好成绩。除了主动服务学校、积极开展科普活动外，为引导不同年龄段、不同兴趣点的学生走进科学（Science），亲身体验（Experience）乐趣，感受探究（Explore）奥秘，激发科创梦想（Dream），长宁区少年科技指导站还在多年实践的基础上，整合已有的课程资源，构建了含普及、提高、创新等三个层次的"SEED"课程。呈现给读者的这本《SEED科学实验室》就是他们"提高"类课程的内容结晶。

《SEED科学实验室》一书，由上海市长宁区少年科技指导站全体教师于2020年初合力编写而成，是教师们平日所教的一门门实验课和活动课的真实再现。书中内容是在校外科技教育没有统一的课程标准和固定的教学内容的情况下，教师们经过长期摸索、试错、总结、提升而沉淀下来的心血之作，承载着他们的辛勤付出和宝贵经验。在全社会再次强调青少年科技教育重要性的时候，长宁区少年科技指导站将教师们的这些"家门绝学"展现出来，其本意就是为了在更大范围开展科学传播和推动科技教育工作。这本书贴近生活、通俗易懂、方便操作，可以作为中小学科技教师的教学参考用书，也可以作为青少年开展自主学习和科学探究的参考资料。

近20年来，我国在翻译引进国外青少年科技教育活动设计方面做了不少工作，而国内原创科教活动出版的工作起步不久、方兴未艾。长宁区少年科技指导站的《SEED科学实验室》的出版，如一团星火，虽只是起步，但却孕育着青少年科技教育未来蓬勃发展的生命力量。期待长宁区少年科技指导站在青少年科技教育的道路上进行更深入的探索，产出更高质量的研究成果，惠泽更多学子。

霍益萍
华东师范大学教育学系教授

# 播下科技的种子，收获梦想的果实

2018年起，上海市长宁区少年科技指导站全体教师在原有基础上设计构建了区域青少年科技教育"SEED"课程。该课程涵盖了普及型、提高型、创新型三个层级，时至今日，小有所成，此书即为其一。

诚如华东师范大学霍益萍教授所言，我站作为校外科技教育的重要阵地，在提升青少年科学素养方面起着不可或缺的作用。它灵活而多面，自由而丰富，即使不够规整统一，却也是青少年进行自主科学探索、充分挥洒想象力和创造力的绝佳场所。"SEED"课程体系中的提高型课程正是根据学生的兴趣爱好所设计的项目课程，虽然这些课程的独特性和多样性使得身为校外科技教师的我们陷入了"无书可依"的困境，但也敦促着我们"绝处逢生"，催生出我们"自编自导"的能力。我站科技教师结合中小学生认知特性，通过自行查找国内外相关资料，去芜存菁、去伪存真，举一反三、实践验证，为来到这里的长宁学子"定制"了多套课程，汇编整理成此书，希望能为同样从事青少年科技教育事业的同僚们提供一些借鉴和参考，也希望对科技感兴趣的中小学生能从此书中获得一些知识和启发。

本书分为"科学实验篇"和"动手技能篇"上下两篇，共14个主题，每个主题下又有6至12节课程。"科学实验篇"希望通过实验引导学生观察实验现象，总结规律，找出背后的科学原理。"动手技能篇"则是指导青少年通过动手操作，培养创新思维。

"科学实验篇"的内容较为多样，覆盖了化学、生物、物理、数学、地理、环境等多个学科，是校外教育教师"全科教育"能力的展现。其主题内容既有像"探秘自然之旅"一类对宏观世界的模拟，又有像"趣味生物"一类对微观世界的具象呈现；既有像"我们身边的土壤"一类的体系课程，又有如"神奇的水环境""无字天书"等趣味性强的小实验集合。课程内容大多与生活息息相关，意在引导学生关注生活、培育学生的观察和思考能力。同时,学生可以通过"科学实验篇"的学习来提升实验设计、实验操作以及数学思维的能力。

"动手技能篇"中的"游艇制作"和"滑翔机制作"主题着眼于学生工程实践能力和工匠精神的培养,学生能从自己制作的成品中产生极大的满足感。这两个主题在编写过程中尽可能地进行了详细描述,力求读者能据此"说明书"进行模型的制作。另一方面,作为一本课程教学用书,其教育功能的体现也是不可或缺的。书中对于游艇和滑翔机的结构组成、部件功能都进行了讲述,学生可以从中获知其动力结构和运作原理。对模型制作的学习和实践可以极大地锻炼学生的动手能力。"玩转三维建模"主题通过对软件的学习,锻炼学生的空间想象力,同时,三维建模也是开展创客活动的基本功之一。"趣味编程"则着重于对学生逻辑思维能力的培养,更可以通过软硬件结合来实现学生的创意设计。在编程学习市场异常繁荣的今天,掌握基本的编程思维,熟悉编程学习过程,对于后续更为深入的技能学习和辨别编程软件产品也有着很大的益处。"光影游戏"这一摄影技巧主题一方面可以通过摄影来直观感受物理学中的光影关系,另一方面这种技能的掌握能够让学生将自己的创意作品通过摄影更好地展现出来。这一主题后面的几节创意课程还能够与"创意美术"和"创新思维训练"相结合,充分发挥学生的想象力,进行创意设计。问题提出、创意设想、程序设计、三维构建、模型打造、美学融合、摄影展现,这些主题之间构成了一个完整的STEAM课程教学链。

本书最大的特点无外乎"实用"二字,每节课程基本都涵盖所涉及的背景知识、所需材料、安全提示、操作步骤、延伸内容。在"科学实验篇"的课程内容中,还包含有原理解析板块,对于同样从事青少年科技教育事业的读者而言,可以参考、改编,方便使用。尤其是涉及操作的各个板块里,内容大都极其详细,图文并茂,包含大量的实拍图甚至手绘图,大大降低了"重现"难度。此外,本书的"实用性"还有另一层体现。现在的科技教育似乎越来越昂贵,越来越高端,各地科技教育机构竞相购买价格不菲的高端仪器和设备,但因与青少年的知识储备和认知能力无法匹配,其闲置率往往也与价格成正比,在提升青少年科学素养上往往并无益处,仪器设备方面的"内卷"实无必要甚至有害。当然,对于天才学生来说,特殊对待即可。本书所选课程用到的设备材料大都常见,价格适中，获取也较为便利。有些课程学生还可以在家完成。这是因为我们相信，生活中会遇到的科学问题本身便是一个巨大的宝库，足够青少年去探索和发现，也更适宜于锻炼科学思维能力。至于更为高精尖的科学技术，学生有足够的时间和条件在步入大学后再去学习和实践。

本书的另一重要特征体现在"延展性"上。一方面，主题式的课程安排十分适宜进行发散式设计。例如"无字天书"这一主题，书中列举了10节课程，但事实上，可以开展的课程还有许多，教师读者可以参考书中的课程设计安排更多的内容。另一方面，书中的延伸、拓展等板块中包含了大量可以展开的内容，可以激发学生的进一步思考，这对于提升青少年科技"软实力"十分重要。如果我们将对科学知识、科学方法、实践技能的掌握作为青少年科学素质硬性指标的话，那么学生的求真探索精神、科学情怀与担当则是学生科学素质软实力的体现。他们对原理的不断追问，对其他可能性的持续探索，对未来的大胆想象，将会支撑着他们在科学探究的道路上一直前行。他们对环境问题的关注、对自然的热爱、对文明的追求，会使得他们对"命运共同体"有更为切身的体悟，会自觉地应用科学和技术创造一个更好的未来。

除了实用性和延展性外，本书还兼顾了一定的科普功能，在每节课程的背景知识和延伸、拓展等板块中，都包含有大量的知识点，其中一些是概念解析，一些是科普常识，还有一些是趣味故事等。这些内容一方面扩充了知识量，另一方面也增强了阅读性，有些还在不同课程之间起到了润滑和连接的作用。老师们将个人兴趣、情感、思索蕴含在这些文字之中，希望有心的读者能从中找到我们的"藏私"之处，来与我们进行一场隔空的对话。

有经验的读者大概很快就能发现，本书并不那么系统化，分类可能不够合理，形式也不够统一，这一方面是由不同课程的特性所决定，比如"科学实验篇"里的课程需要包含对原理的解释，而"动手技能篇"里的课程则更为重视每一个操作细节，力求连贯无误。另一方面则是因为每个主题都由不同的老师开展，我们曾试图打破不同主题，重新整合，但各位老师在各自的体系中已经自成一体，各节课程之间有着自己的逻辑结构。以"我们身边的土壤"这一主题为例，8节课程涵盖了土壤微观的组成、结构，孕育生命的特性，还有大环境下的生态问题，融合了多个学科，青少年在这个主题下学习到的实验技能和科学方法也能够比较全面。因此我们推荐教师、读者按照主题来取用，每个主题6至12节的课量安排也比较适合学生在一个学期内完成。在成书过程中，我们也尽力使各个课程标准化、统一化，但又实在不忍磨灭掉书中所呈现出的各位讲授者、执笔者的个性。比如"趣味生物"郑臻老师的人文情怀，比如"探秘自然之旅"刘皂燕老师的"双语教学"，比如"滑翔机制作"顾允一老师对工艺的严苛，这些个性化的内容赋予了本书不一样的温度，也让这本书成为不同教师思想的集合地。我们舍弃了标准化的工业思维，自然系统的多样性是我们更为看重与得意的。当然，我们也十分乐于见到这本书在各位读者的手中重新组合，创意拓展，让这粒"种子"开出更为缤纷的花朵。

本书成书过程中得到了上海市长宁区教育局的大力支持，局领导对该书的肯定给予了我们将此书出版的信心。上海市长宁区教育学院的科研室专家（张萌老师）亦有所贡献，在此一并表示感谢。由于编者学识有限，书中难免会有不当之处，望各位读者不吝赐教，批评指正。这本书是上海市长宁区少年科技指导站全体教师教学智慧的体现，更为我们进一步的思考与探索提供了契机，我们会在青少年科技教育的路上走得更稳、更好。

姜 嵘

上海市长宁区少年科技指导站站长

# 目录
CONTENTS

# 动手技能篇

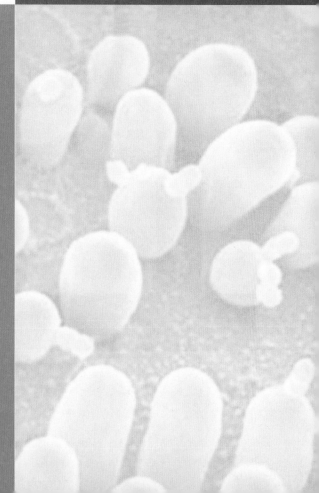

S / E / E / D / 科 / 学 / 实 / 验 / 室

# 科学实验篇

杨长泓

# 我们身边的土壤

## ▍土壤里究竟有什么

### 【背景知识】

中国汉代的郑玄对土有如下解释:"万物自生焉则曰土",而对壤则定义为:"以人所耕而树艺焉则曰壤"。土壤一词在古代并无科学解释,只有到了近代,人们把土壤作为研究对象时,才赋予了其科学的含义。

土壤是指在地球表面生物,气候,母质,地形,时间等因素综合作用下所形成能够生长植物的,处于永恒变化中的疏松矿物质与有机质的混合物。土壤与大气,水,生物等要素一样是地球表层自然地理环境中的重要组成要素,是陆地生态系统的重要组成部分。由于土壤位于大气圈、水圈、岩石圈和生物圈的交接地带,是联结无机环境和有机环境的纽带,是地表环境系统中各种自然的,物理的,化学的以及生物过程,界面反应,物质与能量交换,迁移转化过程最为复杂,最为频繁的地带,在环境系统中起着重要的稳定与缓冲作用。平时生活中,我们对土壤可以说既熟悉又陌生,下面我们通过一组实验,根据现象来看看土壤究竟是由什么组成的。

### 【实验前准备】

1. 实验材料

土壤,烧杯,量筒,玻璃棒,酒精灯,火柴,滴管,玻璃片,试管夹。

2. 安全提示

在成年人的陪同和帮助下使用酒精灯。注意使用酒精灯时,不能倾斜酒精灯;盖灭酒精灯时要用酒精灯盖盖两次;酒精灯内的酒精不能过多。

【实验步骤】

**1.** 将大约100立方厘米的土壤放入250毫升的烧杯中。

**2.** 用量筒量取100毫升水。

**3.** 将水缓慢倒入烧杯,观察现象。

**4.** 将土壤与水用玻璃棒进行搅拌,然后静置等待分层。

**5.** 用滴管取数滴上层浊液滴加在玻璃片上,玻璃片另一侧滴加纯净水数滴。

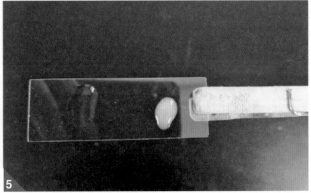

6. 点燃酒精灯,加热玻璃片,观察现象。

【实验现象】

1. 100立方厘米的土壤以及100毫升的水混合后,会有气泡断断续续冒出,并最终停止,最终液面高度明显低于200毫升,说明土壤中有空气,并能通过计算得出大致的空气占比。

2. 待纯净水蒸干后,玻璃片上几乎不留下痕迹;但玻璃片另一端的土壤溶液,待上层清液蒸干后,玻璃片上会有白色或黄色的痕迹,与汗渍相似,表明土壤中有大量无机盐,即矿物成分。

# 2 原来并不干

【背景知识】

土壤是由固相、液相、气相三相物质部分组成,其中固相包括矿物质,有机质,活的生物有机体;液相包括土壤水分或溶液;气相指土壤空气。一般而言，土壤中空气占到土壤体积的25%，水分占25%，矿物占45%，有机质占5%。土壤水分是植物需水的主要来源，是养分供应的介质，其含量对土壤形成发育过程及肥力水平高低都有重要的影响作用。本次实验让我们来测一测土壤中的水含量，并试试燃烧后的土壤与空气再接触会发生什么呢？

## 【实验前准备】

1. 实验材料

电子秤，烧杯，土壤，酒精，火柴，隔热手套。

2. 安全提示

在成年人的陪同和帮助下使用酒精灯。烧杯在土壤燃烧后温度较高，要等火完全熄灭后，用隔热手套拿取烧杯。

## 【实验步骤】

1. 校准电子秤，去除烧杯的重量。
2. 称取10克左右新鲜的土壤样品放入烧杯中，记录下质量M。
3. 在烧杯中加入酒精，刚好没过土壤样品，用火柴点燃土壤，待火焰熄灭。
4. 再次加入数滴酒精进行燃烧，重复3次。
5. 用隔热手套将烧杯放在电子秤上，称量土壤的质量m。

**6.** 计算土壤的含水率:$(M-m)/M$。

**7.** 将土壤放在空气中一段时间,再次称量,与刚烘干后的土壤质量进行比较。

## 【实验现象】

土壤水是指在一个大气压下,在105℃条件下能从土壤中分离出来的水分,主要是液态水,与作物生长发育最为密切。如果把烘干土重新放在常温、常压的大气之中,土壤的重量会逐渐增加,直到与当时空气湿度达到平衡为止,并且随着空气湿度的高低变化而相应地作增减变动。上述现象说明土壤有吸收水汽分子的能力。干燥的土粒靠分子引力从土壤空气中吸持的气态水称为吸湿水。

# 3 寻找小生命

## 【背景知识】

土壤中除含有生物残体、植物根系、代谢物外,还生活着各种生物,其中微生物(细菌、真菌、放线菌等)占比最高,其次是非节肢动物(线虫、蚯蚓等)及节肢动物(跳虫、蜈蚣、蚂蚁等),脊椎动物(老鼠、地鼠等)占比最少。土壤微生物作为整个生态系统中的分解者,通过矿质化过程获得能量和物质来源,在碳循环和氮循环等重要化学过程中发挥着关键作用。蚯蚓是典型的土壤动物,也是被研究最早和最多的土壤动物,其体圆而细长,最小的长0.44毫米,最长的可达3 600毫米。它通过大量取食与排泄活动富集养分,促进土壤团粒结构的形成,并通过掘穴、穿行改善土壤的通透性,提高土壤肥力。土壤生物不仅影响着土壤的形成,对其肥力起着关键性的作用。下面让我们尝试翻找土壤中的小生命,看看你找到了写什么?

【实验前准备】

1. 实验材料

一次性手套,小铲,放大镜,EP管或培养皿等小型容器,铅笔,A4纸。

2. 安全提示

部分土壤生物带有毒性,请务必戴好手套,不用手直接触摸。

【实验步骤】

1. 戴上一次性手套,用小铲小心进行挖掘。
2. 找到土壤生物放入EP管、培养皿或其他容器中。
3. 用放大镜进行观察,并用手机拍照记录。
4. 如有兴趣,可对观察到的土壤生物进行自然笔记。

【实验现象】

下图中是常见的土壤生物,请仔细观察并记录。

金龟　步甲科　马陆 一大一小

蛴螬　蝼蛄　土蝽

鼠妇　蜈蚣 大尼级亲　蚂蚁

蜂　螨虫

常见的土壤生物

# 4  会冒泡的石头

## 【背景知识】

经年累月的风吹日晒、雨水冲刷、生物作用等,使得地表或近地表的岩石,受到了不同程度的破坏,发生崩解或者蚀变,这种现象就叫作风化。风化可分为物理风化、化学风化和生物风化三类。它们通常是同时进行的,而且往往互相促进,在不同的气候条件下,以某种风化作用为主导。物理风化是因温度剧烈变化,不同深度岩石的热胀冷缩程度存在差异,从而导致岩石疏松崩解,体积改变而成分未变的一种机械破坏现象;化学风化是岩石在水,氧气,二氧化碳等的作用下而发生的化学分解过程,这种分解过程不仅使岩石破碎,而且使岩石的矿物成分和化学成分发生改变,形成新的矿物;生物风化是指生物对岩石的破坏过程,主要有生物体对岩石的机械破坏和化学破坏两种方式。接下来的实验,我们将用日常物品模拟风化现象,观察土壤是如何通过风化作用形成的。

## 【实验前准备】

### 1. 实验材料

护目镜,酒精灯,火柴,试管夹,玻璃片,烧杯,冷水,大理石小块,试管,镊子,白醋,粉笔。

### 2. 安全提示

实验过程中须全程佩戴护目镜;在教师和家长的看护下使用酒精灯和美工刀。

## 【实验步骤】

**1.** 佩戴护目镜。用火柴点燃酒精灯,用试管夹夹住玻璃片,将玻璃片放在酒精灯上加热。

**2.** 将加热后的玻璃片浸入冷水中,反复加热和冷水浸泡玻璃片,观察玻璃片有无变化。加热后的

玻璃片温度较高，不要用手触碰。

**3.** 用镊子夹取大理石小块，放入试管中。

**4.** 在试管中加入白醋，观察试管中大理石的变化。

**5.** 取两根等长的粉笔，用美工刀将其中一根切断成数段。

**6.** 将两份粉笔分别放入两个试管中。

**7.** 在两个试管中倒入等量的白醋，观察粉笔的变化。

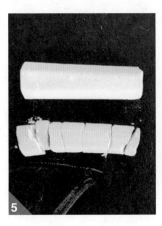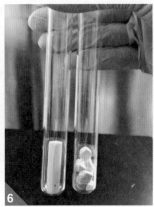

【实验现象】

反复加热冷却玻璃片、在白醋中浸泡大理石块和粉笔，都是在模拟自然风化的现象。玻璃片的主要成分是硅酸盐,跟岩石的主要成分相同,通过反复加热冷却,玻璃片会出现裂纹,如果是较薄的玻璃片,还会发生破碎现象,显示出物理风化的效果。大理石则是自然界常见的岩石,用白醋浸泡后,大理石表面会产生气泡,这是化学风化的一种常见现象。白醋浸泡粉笔也是模拟岩石化学风化的现象,将粉笔切成小块,增加了粉笔的表面积,切成小块的粉笔泡在白醋中,气泡增加。通过实验得知,岩石的表面积越大,风化程度越强。

# 5 辨别土质

## 【背景知识】

土壤矿物质由风化与成土过程中形成的不同大小的矿物颗粒组成。其直径相差很大,从 $10^{-1} \sim 10^{-9}$ 米不等,不同大小土粒的化学组成,理化性质差异巨大。据此可将粒径大小相近,性质相似的土粒归为一类,称为粒级。国际制、美国制及中国制的土壤颗粒分级(毫米)参见下表:

| 名 称 | 国 际 制 | 美 国 制 | 中 国 制 |
|---|---|---|---|
| 石砾 | >2 | >2 | >1 |
| 砂粒 | 2～0.02 | 2～0.05 | 1～0.05 |
| 粉粒 | 0.02～0.002 | 0.05～0.002 | 0.05～0.002 |
| 黏粒 | <0.002 | <0.002 | <0.002 |

自然土壤的矿物是由大小不同的土粒组成的,各个粒级在土壤中所占的质量百分数,称为土壤质地。现在,让我们通过实验认知一下不同粒径土壤颗粒的特点以及如何在野外进行土壤质地的判别吧!

## 【实验前准备】

### 1. 实验材料

砂粒,黏粒,土壤,水,烧杯。

【实验步骤】

**1.** 取一些土，将它揉成球状，观察形态。

**2.** 用手指沾水湿润土壤，尝试将球状土壤搓成条状，观察形态。

**3.** 将条状土壤连成环状，观察形态。

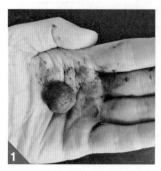
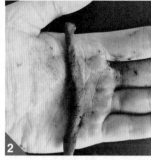
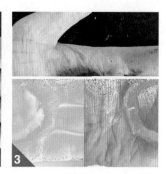

**4.** 将环装土壤压成片状，观察形态。

**5.** 将土壤搓回成球状，不断将黏粒加入球状土壤中，用手指沾水进行揉搓，观察形态并体会手感。

**6.** 不断将砂粒加入球状土壤中，手指沾水进行揉搓，观察形态并体会手感。

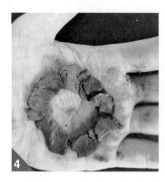
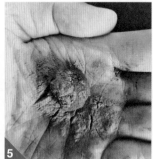
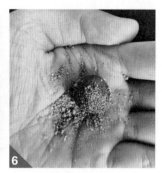

【实验现象】

添加黏粒的土壤变得更易成型，手感光滑；添加砂粒的土壤变得难以成型，手感粗糙。在野外土壤质地调查过程中，我们就是用刚刚的方法来鉴别土壤质地，不同质地的土壤特征如下表：

不同质地的土壤特征

| 质地名称 | 判 别 特 征 | | | | | 示意图 |
|---|---|---|---|---|---|---|
| | 成球 | 成条 | 成环 | 成片 | 光泽 | |
| 砂 土 | √ | × | × | × | × | |
| 砂壤土 | √ | 易断 | × | × | × | |
| 轻壤土 | √ | 裂纹 | × | 鳞状 | × | |
| 中壤土 | √ | √ | × | 刮痕 | × | |
| 重壤土 | √ | √ | 压裂 | √ | 光亮 | |
| 黏 土 | √ | √ | 不裂 | √ | 光亮 | |

# 6  植物的好选择

## 【背景知识】

土壤质地由各个粒级在土壤中所占质量百分数决定,其分类标准如下图所示:

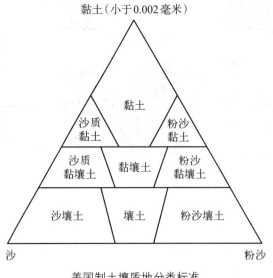

美国制土壤质地分类标准

土壤含有土粒的粒径大小,直接关系到土壤孔隙度、吸湿量、持水量、吸附性能、通气性、透水性、密度等性质,而这些理化性质又影响到植物的生长。下面我们将通过实验来鉴别黏土及沙壤土的透水性能及持水量,并猜测什么土壤更适宜植物生长。

## 【实验前准备】

### 1. 实验材料

沙壤土,黏土,量筒,水,计时器。

## 【实验步骤】

**1.** 用量筒分别量取50毫升体积的沙壤土及黏土。

**2.** 用另外两个量筒量取两份50毫升的水。

**3.** 同时将50毫升的水倒入砂土及黏土中。

**4.** 记录水渗透到底部的时间及最终的液面高度。

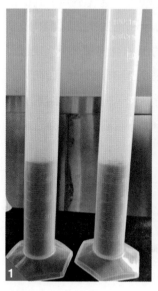

## 【实验现象】

水渗透沙壤土的时间远远短于水渗透黏土的时间,表明土壤粒径越小,透水性能越差；最终，水在黏土中的液面高度略低于水在沙壤土中的液面高度表明黏土的持水性能更好。一般来说，随着粒径的减小，土壤孔隙度、吸湿量、持水量、比表面面积、膨胀潜能、吸附性能、塑性和黏结性将增加，而土壤通气性、透水性、密度将降低。植物生长既需要水分及营养物质，同时也需要空气及水分的流动，因此各类壤土相较沙土及黏土更适宜植物生长，有兴趣的同学可尝试进行进一步的探究。

# 7  移动的沙丘

## 【背景知识】

当山区遭遇大雨，大量的沉积物和岩石会往山下移动，常常引起灾难。这种将表面物质剥离，并将它们从一个地方搬运到另一个地方的过程叫侵蚀。侵蚀根据动力来源主要分为重力侵蚀、冰川侵蚀、水蚀、风蚀。空气不同于其他侵蚀因子，因为它通常无法带起重的沉积物，比较典型的风蚀包括吹蚀、磨蚀、沙尘暴。沉积则是指侵蚀因子丧失能量后，它们所运送的沉积物降落下来的过程。风力沉积比较经典的就是在沙漠中常见的沙丘，一个沙丘具有两个面，面向风的一面坡度较缓，背离风的一面较为陡峭，从中可以判断盛行风向。许多因素会影响风蚀作用，下面，就让我们通过小实验来模拟一下风蚀，看看有什么办法能够减少风蚀的影响呢？

## 【实验前准备】

### 1. 实验材料
6个相同的透明有机玻璃框，细沙，砾石，吹风机，喷水壶，自来水，护目镜。

### 2. 安全提示
实验中须全程戴好护目镜，使用电吹风对沉积物吹的时候，避免细沙或砾石吹入眼睛；使用电吹风时须注意用电安全。

【实验步骤】

1. 在准备好的6个透明有机玻璃框中的相同区域中，分别装入等量的细沙（2个）、砾石（2个）、细沙和砾石的混合物（2个）。

2. 喷水壶装上水，将其中的1份细沙、砾石、细沙砾石混合物淋湿，最终得到细沙（干）、细沙（湿），砾石（干）、砾石（湿），细沙砾石混合物（干）、细沙砾石混合物（湿）6份模拟沙漠样品。

3. 用电吹风在相同的位置，朝相同的方向分别吹6份模拟沙漠样品。

4. 观察模拟沙漠的移动情况。

【实验现象】

风力侵蚀对湿度较高、沙粒较大的物体影响较小，同时植被覆盖量、风速也会直接影响侵蚀等级。如果要减少风力侵蚀，可通过种植防风林来阻止土壤被侵蚀。一项研究表明，一条并不宽的三叶杨林带可以将风速由25 km/h减少到16.5 km/h，植物根系还能与土壤颗粒缠绕在一起，从而固定土壤。

# 8 请你慢点走

## 【背景知识】

在黄土高原,有许多深浅不一的沟壑,水流会沿着沟壑将黄土资源带到下游,这就是典型的水力侵蚀。水力侵蚀主要有沟状侵蚀、片状侵蚀和河流侵蚀。黄土高原发生的主要是沟状侵蚀,由于降雨等原因,水不断流入同一沟渠中,随着时间的推移,沟槽不断变宽、变深,过程中不断搬运土壤,令丰富的土壤资源流失。下面我们通过一个小实验,来看看有什么办法可以让水土流失变慢呢?

## 【实验前准备】

### 1. 实验材料

架子(可以用其他有高度的物体代替),塑料瓶,剪刀,烧杯,量筒,土壤,草皮,水,喷壶。

### 2. 安全提示

在成年人的照看和帮助下使用剪刀,以免受伤;在剪塑料瓶时,注意小心塑料瓶的切口,避免划伤手。

## 【实验步骤】

**1.** 将两只塑料瓶沿纵向剪开。

**2.** 将塑料瓶夹在架子上,瓶身呈倾斜角度,并将瓶口对准一个空的烧杯。

**3.** 用烧杯量取相同体积的两份土壤,分别放入两只塑料瓶中。

**4.** 在其中一份土壤上铺上草皮。

**5.** 用量筒量取等量的水,并装入喷壶中。将喷壶中的水喷在土壤较高处,令水沿着坡度下降,并将水全部喷完。

**6.** 分别记录不铺草皮及铺有草皮的土壤斜坡上水停止流动所用的时间,烧杯中水的量,并观察烧杯中土壤情况。

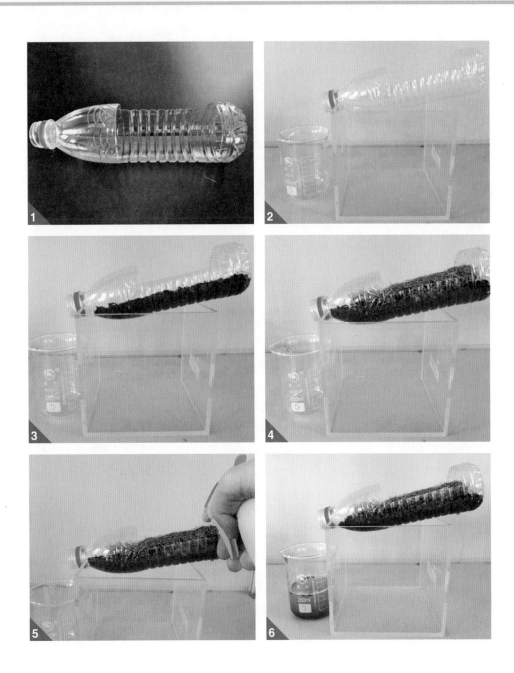

【实验现象】

我们会发现,在有草皮的土壤,水流速变慢,水土流失现象减弱。一般而言,影响水力侵蚀的主要方面包括水流速度、坡度、植被覆盖面、土壤紧实程度等。有兴趣的话，可以在本实验基础上设计新实验，来验证另外3种影响因素。不过水土流失也并非一无是处，上海是一个沿海城市，位于长江三角洲冲积平原，长江上游带来的大量泥沙在入海口处沉积，让上海崇明岛的面积以每年4～5平方千米的速度增加，侵蚀作用令寸土寸金的上海有了更多的发展空间。

郑　臻

# 趣 味 生 物

## ┃ 鱼菜共生系统

【背景知识】

　　鱼,是水生生态系统中的一种常见生物,也是我们日常生活中的常见食材,营养丰富,味道鲜美,得到很多人的喜爱。野生鱼类已经完全不能满足我们的日常所需,养殖鱼类是我们日常所需水产品的主要来源。传统的鱼塘养殖需要定期投放饵料,为了降低鱼类的病死率,需要定期清除塘泥并进行消毒等,以保证鱼塘中的水质处于良好状态。

　　水培蔬菜,是指大部分根系生长在液体环境中的蔬菜培育模式。液体的主要成分是水,一般会根据要求加入不同成分的营养液来提高生长速度。水培蔬菜有别于传统土壤栽培形式下进行栽培的蔬菜,其生长周期短,富含多种人体所需的维生素和矿物质。

　　既然鱼类养殖和水培蔬菜都需要在水环境中生产,那么有没有什么方式可以把水培蔬菜和鱼类养殖合二为一呢?　我们来试试模拟一个鱼菜共生系统。

【实验前准备】

　　1. 实验材料

　　电池、水泵、2个塑料透明容器、塑料软管、剪刀、淡水鱼类2条、适合水培的蔬菜。

　　2. 安全提示

　　使用剪刀时注意安全,必要时请老师和家长协助完成。

## 【实验步骤】

**1.** 把电池接到水泵上。

**2.** 将塑料软管的一端连接到水泵上。

**3.** 将连接了塑料软管的水泵放在塑料透明容器1中。

**4.** 拿出另一个塑料透明容器2,用剪刀小心地在塑料透明容器2的底部戳几个小孔。

**5.** 将塑料透明容器2摆放在塑料透明容器1的上方,把塑料软管的另一端放置到塑料透明容器2中。

**6.** 把鱼放入塑料透明容器1中,水培植物放置在塑料透明容器2中,分别在两个容器中加水,水量不宜过多,不要溢出容器。

**7.** 接通电路,使水泵开始工作。

## 【原理解析】

在传统的鱼类养殖中,随着养殖鱼类的排泄物不断增加,水体的氨氮含量也逐步增加,整个水体的毒性逐步增大。因此,需要定期进行人工换水来降低毒性以维持水体环境达到满足鱼类的生存所需。而在鱼菜共生系统中,水产养殖

鱼菜共生

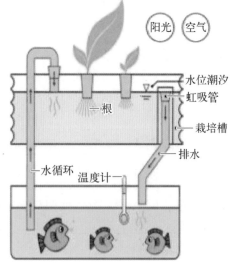

鱼菜共生系统

的水将被输送到水培蔬菜栽培系统,氨氮最终将被分解成硝酸盐,硝酸盐可以直接被植物作为营养吸收利用,养殖鱼类的水体得到净化。鱼菜共生系统让动物、植物、微生物三者之间达到一种和谐的生态平衡关系,是在农业生产中实现可持续循环的一种低碳生产模式。

## 【延伸阅读】

　　现代农业技术中,除了鱼菜共生系统,还有一些优化高效的农业生产模式,比如蟹稻共生、虾蟹稻鳖共生等。那么,鱼、虾、蟹、鳖在稻田里混养究竟有什么好处?

　　这是一种共赢模式,优势在于集除草、除虫、驱虫、肥田等多种功能,实现有机、无公害的优质农产品生产。"稻田里、水稻叶上的虫、蛙、螺、草籽等,这都是鱼虾蟹鳖在一般的池塘里吃不到的天然饲料",对于水稻来说,虾蟹鳖的粪便以及池塘里的氨基酸是绝佳的化肥,不需要除草、施肥和用药,就能够提高大米的品质。"对水稻危害最严重的褐稻虱幼幼虫会大量蚕食水稻叶子,现在把甲鱼放到水稻田里,有明显的防虫作用",同时,水稻之水循环往复,形成了一条生态之流,没有了水产养殖的废水,农业发展与周围环境更协调。

蟹稻共生

# 2 魔"蛋"

## 【背景知识】

世界上有一种东西,它从外面打破是食物,从里面打破是生命。这是什么呢? 我们来开动脑筋想一想。你想到了什么? 没错,这便是日常生活中几乎天天见到的鸡蛋。

小鸡破壳而出

鸡蛋,作为一种最常见的鸟卵,是我们非常熟悉和喜爱的一种食品。那么,你们对鸡蛋真正了解多少呢? 同学们虽然每天都在享用它,但可能不太了解它的结构。它是怎样做到"从内打破是生命"的呢? 鸡蛋呈一头大、一头小的椭圆形,卵壳虽薄却坚硬,上面还有很多气孔,为胚胎提供了一个支持和保护。细心

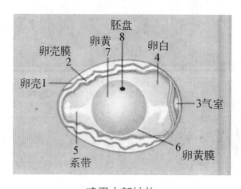

鸡蛋内部结构

的人在剥开鸡蛋壳的时候会发现,其实在鸡蛋大头的一端,有一个小小的空间,叫气室,内有空气与细胞进行气体交换。卵白为胚胎发育提供营养物质和水分,同时也起到保护的作用。

## 【实验前准备】

### 1. 实验材料

新鲜鸡蛋1只,一次性透明塑料培养皿(或餐盘),大头针、透明两半塑料球,金黄色橡皮泥,10厘米长的白色棉线

## 【实验步骤】

**1.** 敲开鸡蛋,将蛋清和蛋黄一起倒入培养皿中,根据鸡蛋结构图找到相应的结构,将结构名称写在小纸片上,用大头针插在相应的位置上。

**2.** 对照鸡蛋的结构,思考如何设计模拟鸡蛋的模型,完成鸡蛋的模型,模拟各部分的功能。

**3.** 将金黄色橡皮泥捏成小圆球,模拟卵黄;在卵黄上画上一个黑点。

**4.** 将卵黄的两端各黏上一根棉线,模拟系带。

**5.** 将卵黄和系带放入透明半球内,将两个半球合起。

**6.** 将两根棉线的另一端露在透明半球外。

**7.** 放松棉线,模拟没有系带的情况下晃动塑料半球,黄色小圆球会碰到球壁;拉紧棉线,模拟有系带的情况晃动塑料半球,黄色小圆球不会碰到球壁。

## 【原理解析】

鸡蛋在运输的过程中,路途难免会有些许颠簸。但是我们打开鸡蛋的时候,卵黄依然安稳地待在中间,这是怎么做到的呢?显然,这跟鸡蛋的内部结构是分不开的。棉线模拟的"系带"起到了固定卵黄,减缓减弱震动的作用。

## 【延伸阅读】

我们发现包括鸡蛋在内的鸟卵均呈椭圆形,这种形状具有哪些独特的作

用？这种结构可以将受到的外力均匀地分散开，所以比较坚固，被称为"薄壳原理"。可以做个简单的实验：握鸡蛋。手握鸡蛋，你会发现，无论如何用力，鸡蛋都不容易破碎。

生活中许多地方都巧妙地借鉴了鸡蛋的这种构型，如著名的悉尼歌剧院，就是利用了蛋壳结构原理，由于这种结构的拱形曲面可以抵消外力的作用，使得建筑结构更加坚固。同时这种构型可以比实心的基础结构节约三分之一的材料，达到了一箭双雕的效果。

此外还有安全帽，它的帽壳呈半球形，材料轻盈坚固，表面光滑，帽壳和帽衬之间还留有一定空间，可缓冲、分散瞬时冲击力，从而避免或减轻对头部的直接伤害，其中打击物的冲击和穿刺动能主要由帽壳承受。生活中常见的仿生学例子还有拱形桥和薄壳建筑等。

安全帽

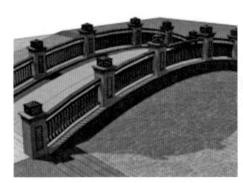

拱形桥

悉尼歌剧院

# 3　黄金分割

【背景知识】

昆虫的世界丰富多彩，如果要评选最美昆虫，蝴蝶应当在候选之列。蝴蝶身姿优美，体态轻盈，惹人喜爱。它或翩翩起舞，或温柔停歇，无论哪种姿态，都

蝴蝶的身体                                                 蝴蝶标本

能让人心生美好。花丛中、马路边，紫色的、黄色的、彩色的。世界上没有完全一样的两只蝴蝶，但是每一只都是美丽的。那么，你有没有细心地观察过蝴蝶的结构呢？

蝴蝶的美丽固然有颜色丰富、姿态优美的因素，但是蝴蝶的翅膀形状和比例也是决定它美丽的重要因素。无论是哪种蝴蝶，仔细观察，不难发现，展开翅膀后，前翅长在中胸部，后翅长在后胸部。两只前翅展开后，后缘几乎成一直线，与身体部分垂直。

## 【实验前准备】

### 1. 实验材料

镊子，透明胶膜，蝴蝶假体，直尺，铅笔，剪刀，片基，触角，蝴蝶标本，丝带。

## 【实验步骤】

**1.** 用镊子揭去透明胶膜上的双面胶纸，将透明胶膜反贴在桌面。

**2.** 用镊子从三角包中取出四片蝴蝶翅膀。

**3.** 揭去透明胶膜护纸用镊子将假体粘贴在胶膜中央，将左前翅基部连接在假体左侧中胸部，注意使得前翅后缘垂直于身体，将右前翅基部连接假体右侧中胸部。两只前翅展开后，后缘几乎成一直线，与身体部分垂直。

**4.** 将左后翅基部连接假体左后胸部，将右后翅基部连接假体右后胸部，注意调整后翅位置。

**5.** 将一对触角连接到复眼和下唇须交角处,取片基对准胶膜小心盖上,用手推压,使之与胶膜完全黏合。

**6.** 用剪刀沿蝶翅的外缘,修去多余部分,打孔并穿上丝带。

## 【原理解析】

蝴蝶的身体里还藏有数学秘密哦,那就是黄金分割。如果你肚脐到脚底的距离除以你的身高,刚好是0.618,那么恭喜你,你拥有世人羡慕的好身材。可能你会问,这跟蝴蝶有什么关系呢? 蝴蝶美丽动人,很大一部分原因便来源于此。无论哪只蝴蝶,无论颜色,大小,展开状态下,测量出蝴蝶后翅的展开长度与前翅的展开长度,它们之比接近于黄金分割:0.618。0.618是数学中的黄金分割比例,有严格的比例性、艺术性、和谐性,蕴含着丰富的美学价值。

## 【延伸阅读】

黄金分割不但在艺术和美学的表现形式上让人赏心悦目,另外在我们人体和其他许多生物上也处处体现。而最神秘的巧合是我们生命中的DNA了,它的每个双螺旋结构非常接近黄金分割。对于我们人类来说,最感到舒适惬意的气温大约为22~24℃,它是正常体温37℃的"黄金比例"($37 \times 0.168=23$)。在这种环境温度下,肌体的新陈代谢、生活节奏、生理机能都处于最佳的状态。对于植物而言,这样奇妙的例子也很多。一棵小树如果始终保持着幼时增高和长粗的比例,那么最终会因为自己的"细高个子"而倒下。为了能在大自然的风霜雨雪中生存下来,它选择了长高和长粗的最佳比例,即0.618;在小麦或水稻的茎节上,可以看到其相邻两节之比为1:1.618,这又是一个"黄金比例";菠萝的表层数出向左旋转的圆有13圈,向右转的圆是8圈。这么多的神奇之处,让人忍不住猜测,这真的是生命密码吗,还是说只是一个巧合呢?

# 4 细菌会吹气

## 【背景介绍】

　　以细菌和真菌为代表的微生物总是会被烙上肮脏和疾病的印记。事实上，这完全是一种偏见。很多时候，微生物不仅仅是健康的守护神，比如酸奶里面的有益菌群，它们也是厨房里的美食制造者。它们或是默默奉献在食物的酿造过程中，或是与食物素材相结合，无时无刻丰富着我们的味蕾。

　　酵母菌是一种单细胞真菌，它能够发酵成碳水化合物。酵母菌不像植物那样含有叶绿素，所以无法制造出它生长所需的养料。和动物一样，酵母菌能用含

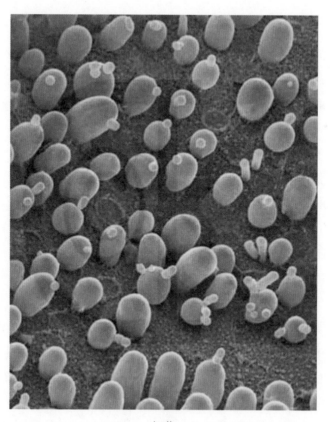

细菌

糖的食物来制造出酒精和二氧化碳以及能量。面包、馒头都需要它的参与才能散发出香甜的味道。

## 【实验前准备】

### 1. 实验材料

窄口玻璃瓶,温开水,汤匙,砂糖,发酵粉,量杯,气球。

## 【实验步骤】

**1.** 在一个窄口玻璃瓶中倒入温开水150毫升,注意不能用开水。

**2.** 在温开水中加入15毫克砂糖和一小包发酵粉,搅拌均匀。

**3.** 在另一个窄口玻璃瓶中倒入温开水150毫升,然后加入15毫克砂糖,但不放酵母粉。

**4.** 再往两个窄口玻璃瓶里倒入一杯温开水。

**5.** 把气球里的空气挤出后,将气球套在瓶口上。

**6.** 将瓶子放置在阴暗、缓和的地方,放置3～4天。

**7.** 观察两个瓶子里的情况。

## 【原理解析】

经过实验我们可以发现,加入了发酵粉的瓶子上的气球充满气体,而没有加入发酵粉的瓶子上的气球依旧干瘪。这是因为酵母在糖的催化下,产生了二氧化碳,而由于瓶口被气球封住,二氧化碳无处可去只能往上升,这样气体慢慢冲入气球,气球就被"吹"起来了。

## 【延伸阅读】

微生物既是人类的敌人,更是人类的朋友。它无处不在,我们时时刻刻与它"共舞"。微生物在许多重要产品中所起的不可替代的作用,例如:面包、奶酪、啤酒、抗生素、疫苗、维生素、酶等。体内的正常菌群是人及动物健康的基本保证,细菌可以帮助消化、提供必需的营养物质、组成生理屏障,是人类生存环境中必不可少的成员。当有致病性微生物入侵的时候,人体往往还得靠这些共生菌一起将它们驱逐出去。只是当人体的免疫力因先天或后天的种种因素而变差时,有些共生菌就会立刻翻脸,露出狰狞的面目,进一步侵入宿主体内的组织和器官,造成致命的感染。因此,维持人体和共生菌之间的微妙平衡也是保持身体健康的一部分。

# 5 神秘的指纹密码

【背景知识】

　　指纹是指手指端部的皮肤纹理,它是由真皮乳头向表皮突起,形成的一条条凸起的乳头线,其上有汗腺开口,称嵴纹,各嵴纹间凹下的部分称为沟,这些凸凹的嵴和沟就构成特定的指纹。我们还在母亲的子宫里时,细胞的增长和分裂产生的液体压强,促进了这些凸凹的形成。我们手指上的这些"嵴"和"沟",能够很好地产生摩擦力,让我们能够抓住光滑的物体。

　　无论我们的指纹具有怎么样的"脊沟",凸凹形成的图案大致可以分为以下3种结构类型:弓形纹、箕形纹、斗形纹。

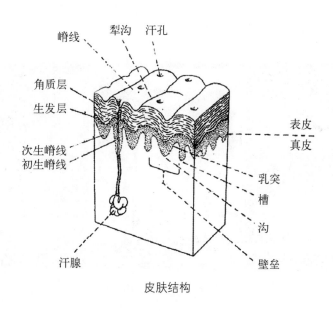

皮肤结构

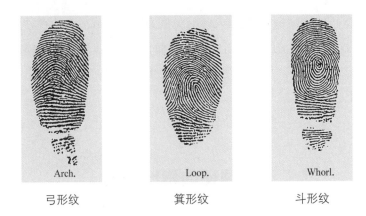

| 弓形纹 | 箕形纹 | 斗形纹 |
|---|---|---|

下面几种不同类型的图案,便是用人眼可以直接观察到的指纹的全局特征。两枚不同指纹可能会有相同的全局特征,所以要区分两枚指纹,仅仅依靠全局特征是不够的,还需要通过局部特征来识别。

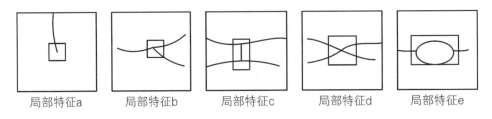

| 局部特征a | 局部特征b | 局部特征c | 局部特征d | 局部特征e |
|---|---|---|---|---|

"容颜易老,指纹不改",说的便是指纹的特性之一:终生不变。关于指纹的特性,我们再来看看下面这张组图。

四胞胎姐妹同一手指指纹

从图片上不难看出,这四胞胎姐妹的面容几乎完全一样难以分辨,但是她们四个人同一根手指的指纹却明显不同。指纹的这种不可重复的特定性,可以归纳为:人各不同。正因为它具有"终生不变"和"人各不同"这两个特性,从古至今指纹都被用来作为识别身份的印记。

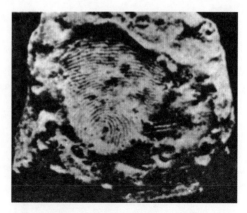

西周时期形成的古代黏土印章上拇指印痕

## 【实验前准备】

1. 实验材料:白纸,铅笔,透明胶带,放大镜,剪刀

2. 在成年人的照看和帮助下使用剪刀,注意安全。

## 【实验步骤】

**1.** 在白纸上画出自己的手指外形。

**2.** 取另一张白纸,用铅笔在纸上涂抹,笔尖可以侧过来涂,以便获取更多石墨。

**3.** 伸出一个手指,蘸取铅笔涂出的石墨,用力摩擦使得手指的第一指节沾满石墨。

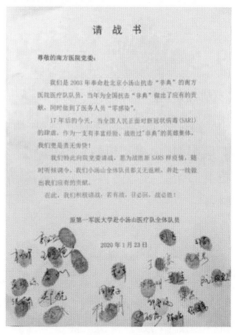

按满手印的白衣天使请战书

**4.** 剪出一段透明胶带,贴在手指的第一指节上,按压一下,注意不要移动胶带的位置以免指纹模糊。

**5.** 撕下透明胶带,沿指纹边缘剪下,贴在手指外形图的相应位置上,用放大镜观看。

**6.** 重复以上步骤,完成其他手指指纹的提取。

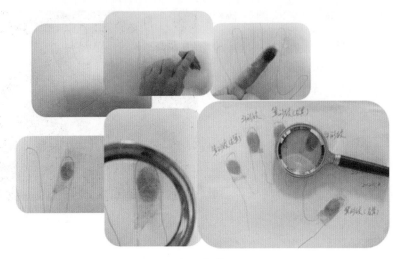

提取指纹

## 【拓展思考】

在日常生活中,我们会在很多东西上留下指纹,比如喝水用的玻璃杯。那么,玻璃杯上的指纹该如何提取呢?需要用到哪些材料?

## 【延伸阅读】

近些年,随着人工智能和计算机视觉技术的不断发展成熟,在生物特征识别中基于计算

在玻璃杯上留下指纹

机视觉技术的几种身份认证技术也得到了快速发展。尤其是人脸识别技术、指静脉识别技术、虹膜识别技术以及步态形体识别技术,正在随着大数据、数字化以及行业智能化的迅猛发展进入黄金时代,并不断结合行业细分领域的特点走向深度应用。

生物特征识别技术作为安防行业中的焦点应用,在技术安全与市场应用层面远远优于传统密码、刷卡等方式。随着应用日渐成熟以及消费者认知度的不断提高,生物特征识别技术的应用正在走向快速的普及。

# 6 咚咚的心跳

## 【背景介绍】

心脏是我们血液循环的动力器官,它外形像桃子,位于胸腔内,两肺间略偏左。心脏的作用是推动血液流动,带给各器官以及细胞充足的氧和营养物质,并带走新陈代谢废物,维持机体正常的功能。

每个人的心脏大小就像自己握起的拳头,一个成年人的心脏重300克左右,但它的工作量是非常大的,例如在安静状态下,一个人的心脏每分钟约跳70次,每次泵血约70毫升,那么每分钟泵血量约为5升。如此看来,心脏在我们的一生中担负着极其重要的任务。下面我们通过一个小实验来模拟心脏的结构和功能,帮助我们理解心脏是如何在我们体内工作的。

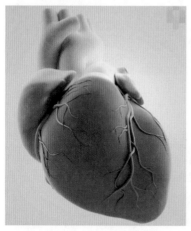

心脏三维立体图

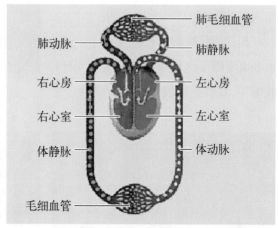

人体血液循环模式图

## 【实验前准备】

### 1. 实验材料

水,三种规格的塑料洗瓶,塑料单向阀,Y形三通管,透明硅胶管,红墨水,剪刀。

### 2. 安全提示

在成年人的照看和帮助下使用剪刀，注意安全。

## 【实验步骤】

**1.** 连接透明硅胶管、Y形三通管和塑料单向阀，并注意单向阀的接入方向。

**2.** 在500毫升的塑料瓶中加注清水至一半以上，并将红墨水倒入瓶中，模拟心室中的血液。

**3.** 将三种规格的塑料瓶及透明硅胶管等相连接，连接时注意位置。通过连接透明硅胶管、塑料单向阀及塑料瓶来尝试模拟血液循环的一部分途径。

**4.** 用手握住塑料瓶，手代表心室的肌肉，轻轻地挤压，观察"血液"流动方向，体会心房与心室相连的特征；张开手，观察"血液"流动方向，体会单向阀的作用。

**5.** 重复这些步骤，交替地挤压和放松你的手，这将反映心脏的扩张和收缩期，观察并比较差异。

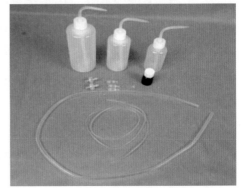

实验材料

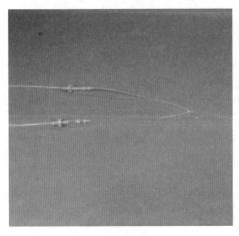

连接硅胶管

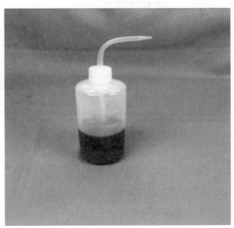

模拟血液

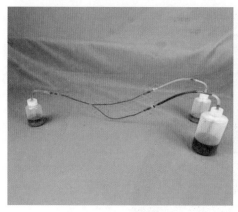
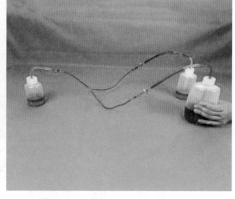

连接三个塑料瓶　　　　　　　　　　　　挤压"血液"

## 【拓展思考】

1. 尝试改进模型，争取不出现任何反向流动，更好地模拟血液循环。
2. 提供红色和蓝色两种颜色的墨水，设计完善血液循环的完整过程。

## 【延伸阅读】

心脏是一个典型的中空的肌性器官，主要由心肌细胞构成。我们的心脏有四个腔室，分别是左心房、左心室、右心房、右心室，其中左右心房之间和左右心室之间均由间隔隔开，互不相通，心房与心室之间有瓣膜，这些瓣膜使血液只能由心房流入心室，以免倒流。

心脏总是有规律地收缩舒张，每收缩舒张一次，我们就感觉到一次心跳。而在心脏的每次收缩舒张时，具体的工作是这样的：血液由左心室压入主动脉，流经至全身毛细血管（肺毛细血管除外）进行物质交换，然后全身的血液从静脉流回右心房，这条途径称为体循环或大循环；同时血液从右心室泵入肺动脉及其肺泡毛细血管进行气体交换，然后经由肺静脉流回左心房，这条途径称为肺循环或小循环。心脏不停地跳动，就这样推动了全身的血液一直流动，不停地进行物质交换，保证机体正常地运作。

心脏每分钟跳动的次数，称为心率。心脏收缩和舒张会引起主动脉的扩张和收缩，并会沿着血管壁传递，从而形成动脉脉搏，简称脉搏。在安静状态下，正

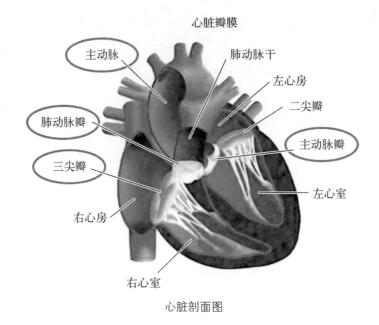

心脏瓣膜

主动脉

肺动脉干

左心房

二尖瓣

肺动脉瓣

主动脉瓣

三尖瓣

左心室

右心房

右心室

心脏剖面图

常成人心率约为每分钟75次,心率的波动范围在每分钟60～100次,其中女性心率比男性快。另外,体力活动量大或者精神兴奋时心跳都可能增快。

# 7  提取DNA

## 【背景知识】

人体结构的最小单位是细胞。我们所有的遗传物质都在细胞里面的细胞核中。细胞核里面的脱氧核糖核酸(DNA)就像是说明书一样,告诉细胞怎么建造整个身体。遗憾的是,因为细胞太小了,我们无法用肉眼看见。DNA小到连正常的显微镜也看不到。那有什么办法可以让

DNA的双螺旋结构

我们看到 DNA？

DNA 是什么？它长什么样子？它有什么作用？ DNA 是一串带有微生物所有信息的长链——双螺旋结构。在人体中，我们的 DNA 有负责我们外表特征的代码，例如我们头发的颜色、眼睛的颜色、鼻子的形状，包括我们的健康都和DNA 相关。所有 DNA 都是一样的吗？不，这是不可能的。蚂蚁的 DNA 和你的 DNA 是不一样的。我们每个人的 DNA 也都不一样。

## 【实验前准备】

### 1. 实验材料

清水，塑料手套，棉签，透明杯，温水，食盐，洗衣液，冷酒精，牙签。

## 【实验步骤】

**1.** 清水漱口后，用棉签采集口腔内的上皮组织细胞，要确保棉签触碰到口腔内侧、舌头、齿龈和牙齿。

**2.** 在透明杯中倒入 200 毫升温水，加入少量盐。

**3.** 将提取了上皮细胞的棉签在水中搅拌。

**4.** 向杯中添加 1～2 滴洗衣液，并慢慢搅拌，避免起泡沫。

DNA 分子粗提

**5.** 取 10 毫升的冷酒精，缓慢倒入。

**6.** 静置片刻后，发现液体中间出现了一条白线，这就是粗提的 DNA 分子。

**7.** 尝试用牙签把 DNA 取出，存放在小试管里。

## 【原理解析】

DNA 分子太小了，用肉眼根本无法看见。但是如果我们把一百万个 DNA 分子聚集在一起，我们就会看见一条清晰的"白线"。洗涤剂可以溶解细胞的细胞膜，去除脂质和蛋白质，但对 DNA 没有影响；DNA 不溶于酒精溶液，但是细胞中的某些物质则可以溶于酒精，利用这一点可以将 DNA 分子与蛋白质进一步分离。

## 【延伸阅读】

DNA是英文 Deoxyribo Nucleic Acid（脱氧核糖核酸）的缩写。人体内的每一个细胞都含有DNA分子，但是有些生物细胞内却没有，比如病毒。我们的每个DNA分子都像一个迷你数据库，也像一本工作手册。DNA分子里面携带的信息告诉我们的身体如何制造蛋白质。

DNA结构

DNA分子是由4种核苷酸分子，依特定的排列顺序链接为长链。2条核苷酸长链，平行排列为双股，并扭转成螺旋形结构，两股的方向相反。五碳醣和磷酸基共同形成双股螺旋的"骨架"。含氮碱基在两股间形成氢键互补碱基配对。DNA分子中的碱基共有4种，即腺嘌呤（A）、鸟嘌呤（G）、胞嘧啶（C）、胸腺嘧啶（T）。这4种碱基中的2个碱基彼此相连，构成了DNA长梯的横档，这两个碱基就称为碱基对。碱基对的结合都是有一定规律的，DNA分子中的A只能与T互配成一对，C只能与G互配成一对。

细胞在进行分裂之前，DNA 会先进行复制，因此子细胞可延续亲代的遗传特性。新合成的 DNA 中其中一股 DNA 来自原有的 DNA，另一股为全新合成，这种复制方式称为半保留复制。

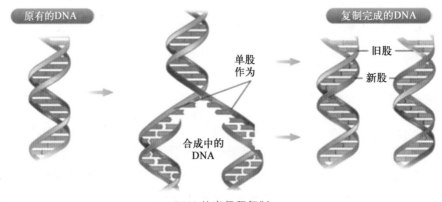

DNA的半保留复制

李菊梅

# 探究生物

## 食物中的糖

### 【背景知识】

　　糖类是自然界中广泛分布的一类重要的有机化合物。糖类经常被称为碳水化合物。碳水化合物的意思是"碳原子加水形成的物质",用化学公式表示就是$(CH_2O)n$。日常食用的蔗糖、粮食中的淀粉、植物体中的纤维素、人体血液中的葡萄糖等均属糖类。糖类在生命活动过程中起着重要的作用,是一切生命体维持生命活动所需能量的主要来源。植物中最重要的糖是淀粉和纤维素,动物细胞中最重要的多糖是糖原。

　　单糖、二糖和多糖称为糖类物质的三大家族。具有代表性的糖类的性质如下:

糖类的性质

| 糖类家族 | 糖 | 性　　质 |
|---|---|---|
| 单糖 | 葡萄糖 | 最重要的糖,人的能量来源 |
| | 果糖 | 最强的甜度,多含于水果 |
| | 半乳糖 | 含于母乳、牛奶中的乳糖成分 |
| | 核糖 | RNA的成分 |
| | 脱氧核糖 | DNA的成分 |
| 二糖 | 蔗糖 | 砂糖、葡萄糖+果糖 |
| | 麦芽糖 | 淀粉的分解物,葡萄糖+葡萄糖 |
| | 乳糖 | 母乳、牛奶的成分,葡萄糖+半乳糖 |

（续表）

| 糖类家族 | 糖 | 性　　　质 |
|---|---|---|
| **多糖** | 糖原 | 贮存于动物肝脏和肌肉的葡萄糖的聚合体 |
| | 淀粉 | 贮存于植物中的葡萄糖的聚合体,人可以消化 |
| | 纤维素 | 植物中可见的葡萄糖的聚合体,人不能消化 |

## 【实验前准备】

1. 实验材料

苹果,研钵,漏斗,纱布,试管,班氏试剂,酒精灯。

2. 安全提示

实验中会用到酒精灯,须在成年人的照看和帮助下使用,注意安全,以免烧伤。

## 【实验步骤】

1. 将苹果洗净、去皮切块。

2. 取约5克苹果研磨。

3. 研磨过程中加少量水,然后再进行研磨。

4. 在漏斗上垫纱布,将研磨过的果泥过滤,得到样液。

5. 将2毫升苹果样液装入试管中,再将2毫升班氏试剂注入试管。

6. 摇晃试管使试管中的液体混合。

7. 将试管放置在酒精灯上加热2分钟。

## 【原理解析】

苹果样液加热2分钟后会产生砖红色沉淀,这是因为苹果中的葡萄糖和果糖分子内还有醛基,醛基具有还原性,可与弱氧化剂发生反应,生成氧化亚铜,形成砖红色沉淀。

## 【延伸阅读】

糖尿病是一组以高血糖为特征的代谢性疾病。高血糖则是由于胰岛素分泌缺陷或其生物作用受损,或两者兼有引起。糖尿病时长期存在的高血糖,导致人体各种组织,特别是眼、肾、心脏、血管、神经的慢性损害和功能障碍。

正常人的尿液中只含有微量的葡萄糖(每百毫升小于0.02克),一旦出现尿糖阳性现象,称为糖尿。尿液中的葡萄糖也可用班氏试剂检验,你可否设计一个方案来检验尿液中的葡萄糖量。

尿糖试纸法:将尿糖试纸浸入葡萄糖溶液中。约一分钟后取出。观察试纸的颜色变化,与标准色板相对照。

尿糖的定性判断标准

| 混合液现象 | 记录符号 | 含 糖 量 |
|---|---|---|
| 混合液呈蓝色或蓝灰色 | — | 0.02克/100毫升 |
| 出现浅黄绿色沉淀 | + | 0.1～0.5克/100毫升 |
| 出现黄绿色沉淀 | ++ | 0.5～1.4克/100毫升 |
| 出现黄色沉淀 | +++ | 1.4～2.0克/100毫升 |
| 出现橘黄色沉淀 | ++++ | 2.0克/100毫升 |

# 2 提取牛奶中的酪蛋白

## 【背景知识】

蛋白质是组成人体一切细胞、组织的重要成分。机体所有重要的组成部分都需要有蛋白质的参与。一般来说,蛋白质约占人体全部质量的18%,最重要的还是其与生命现象有关。蛋白质是生命的物质基础,是有机大分子,是构成细胞的基本有机物,是生命活动的主要承担者。没有蛋白质就没有生命。

牛奶蛋白又称牛乳蛋白,是牛奶中多种蛋白质混合物的总称。主要由酪蛋白和乳清蛋白两大部分组成。牛奶的蛋白质含量约为3.2%。在总蛋白质中,乳清蛋白的含量为14%～24%,酪蛋白的含量为76%～86%。

## 【实验前准备】

### 1. 实验材料

烧杯，脱脂奶粉，热水，玻璃棒，醋酸—醋酸钠缓冲溶液（pH值=4.7），pH精密试纸，水浴锅，离心机，台秤

### 2. 安全提示

正确使用离心机。

## 【实验步骤】

**1.** 在烧杯中加入2克脱脂奶粉，再加入40毫升 40℃的热水，用玻璃棒搅拌使奶粉溶解。

**2.** 在搅拌中慢慢加入预热到40℃、pH值为4.7的醋酸—醋酸钠缓冲溶液40毫升，可用pH精密试纸检验液体的pH值。

**3.** 静止冷却到室温，离心分离（转速300转/分，时间10分钟），倾出上层清液，得酪蛋白粗品。

**4.** 二次水洗：在离心管中加入5毫升蒸馏水，用玻璃棒充分搅拌，洗涤除去其中的水溶液杂质，离心后弃去上层液。

**5.** 将酪蛋白沉淀物晾干、称重。

## 【原理解析】

牛乳中主要的蛋白质是酪蛋白，每百毫升含量为3.5克。酪蛋白在牛乳中是以酪蛋白酸钙—磷酸钙复合体胶粒存在，胶粒直径约为20～800纳米，平均为100纳米，在酸或凝乳酶的作用下酪蛋白会沉淀，加工后可制得干酪或干酪素。

利用加酸（醋酸—醋酸钠缓冲溶液）达到酪蛋白的等电点pI值为4.7时，酪蛋白沉淀，即得到酪蛋白沉淀物。

## 【延伸阅读】

### 动物蛋白与植物蛋白

动物蛋白主要是来源于禽类、牲畜类、鱼类等，以及动物的肉、蛋、奶等食品

中。动物蛋白当中含有较多的必需氨基酸,所以营养价值比较高。而植物蛋白主要是来自于豆类或谷类等,植物蛋白中不含有胆固醇和饱和脂肪酸,还能够提供比较多的膳食纤维,以及不饱和脂肪酸。有些植物的种子比如说大米、黄豆、麦子或者是根茎类的植物当中都会有不同含量、不同种类的植物蛋白质。

人体对于食物当中蛋白质的消化吸收能力是不一样的,区分不同蛋白质的种类,目的在于限制蛋白质的摄入。比如说有糖尿病肾病的患者,他们选择蛋白质的时候,就要选择一些动物蛋白质,比如说肉、蛋、奶类,因为这些蛋白质吸收率较高,所以对于肾脏造成的负担较小。

# 3 维持生命的物质——维生素

## 【背景知识】

维生素是人和动物为维持正常的生理功能而必须从食物中获得的一类微量有机物质,在人体生长、代谢、发育过程中发挥着重要的作用。尽管维生素是我们代谢所必需的,却是我们体内所不能产生的有机物,所以为了维持我们的健康,我们必须从食物中摄取维生素。

维生素分为脂溶性和水溶性两大类,脂溶性的维生素有维生素A、维生素D、维生素E、维生素K;水溶性的维生素有维生素B和维生素C。维生素的主要功能如下:

维生素的主要功能

| 类 型 | 生 理 功 能 |
| --- | --- |
| 维生素A | 维持人体正常的视觉,以及在弱光下视物,缺乏维生素A易患夜盲症 |
| 维生素B | 促进氨基酸合成,具辅酶功能 |
| 维生素C | 氧化还原作用,清除自由基,,酶的激活剂,缺乏维生素C造成坏血病 |
| 维生素D | 促进人体对钙的吸收和利用,促使钙沉积在骨骼 |
| 维生素E | 抗氧化,延缓衰老,保护红细胞 |
| 维生素K | 抗出血,参与血液凝固过程,能量代谢和肌组织活动(弹性增加) |

维生素C又叫抗坏血酸,它是一种有酸味的白色晶体,溶于水、不溶于脂肪,对氧敏感。维生素来源于新鲜的水果和蔬菜中,如鲜枣、青椒、苦瓜等。让我们通过下面的实验来看一看,维生素C还有哪些特性呢?

## 【 实验前准备 】

### 1. 实验材料

烧杯,铁架台,石棉网,酒精灯,淀粉,玻璃棒,碘酒,维生素C药片,蒸馏水,玻璃棒,滴管,pH试纸,标准比色卡,试管,棕黄色三氯化铁溶液,鸭梨,大白菜,青菜,橘子,浓绿茶水,滤纸,维生素C药片,可溶性淀粉,蒸馏水

### 2. 安全提示

实验中会用到酒精灯,须在成年人的照看和帮助下使用,注意安全,以免烧伤。

## 【 实验步骤 】

**1.** 制备维生素C简易测定液:在容量为200毫升烧杯中注入100毫升蒸馏水,把烧杯放在铁架台铁圈的石棉网上,用酒精灯加热到沸腾,然后加入0.5克淀粉,快速搅拌成稀的淀粉液。取上层清液20毫升放在小烧杯里,滴加3滴碘酒后呈蓝色,这杯液体就是维生素C简易测定液。

**2.** 酸性的测试:在小烧杯中放入两片维生素C药片,加入20毫升蒸馏水,用玻璃棒轻轻捣碎,使其溶解。用滴管吸取少量清液滴在pH试纸上,然后跟标准比色卡对照。观察现象并记录。

**3.** 还原性实验:取2支洁净的试管,第一支注入维生素清液2毫升,第二支注入蒸馏水2毫升,然后各滴入稀的棕黄色三氯化铁溶液3滴,振荡试管后,观察现象并记录。

**4.** 不稳定实验:取2支洁净的试管,各注入维生素C清液3毫升。将一支试管用试管夹夹住,在酒精灯上加热至沸腾,并保持沸腾1分钟;另一支试管不加热。待加热过的试管冷却后,在两支试管各滴入维生素C简易测定液6滴。观察现象并记录。

**5.** 维生素C的简易液测定:将鸭梨、大白菜、青菜、橘子捣碎,经多层滤纸过滤出汁液,绿茶包泡出浓绿茶水。在6支洁净的试管中分别注入鸭梨汁、大白菜

汁、青菜汁、橘子汁、浓绿茶水及维生素C清液各1毫升,然后分别滴加简易测定液各6滴,振荡。观察现象并记录。

## 【实验结果】

1. 用滴管吸取少量清液在pH试纸上,然后跟标准比色卡对照,测得pH值酸碱度为2.5,得出维生素C的酸性比醋酸强。

2. 振荡试管后发现:第一支试管溶液中仍显无色,第二支试管中呈浅棕黄色,证明维生素C已把$Fe^{3+}$还原成$Fe^{2+}$。维生素C具有还原性。

3. 不加热的试管蓝色基本被褪尽,而经加热过的试管中蓝色基本保持,这说明加热容易引起维生素C的分解破裂。

4. 维生素C的简易液测定结果如下表。

### 维生素C的测定结果

| 待测液 | 鸭梨汁 | 白菜汁 | 青菜汁 | 橘子汁 | 浓绿茶水 | 维生素C清液 |
|---|---|---|---|---|---|---|
| 滴加测定液后显色 | 蓝色 | 蓝色 | 稍有褪色 | 浅蓝色 | 稍有蓝色 | 无色 |

## 【延伸阅读】

### 与维生素相关研究所获得的诺贝尔奖

| | | | |
|---|---|---|---|
| 诺贝尔生理学或医学奖 | 1929年 | 艾克曼 | 脚气的研究 |
| | | 霍普金斯 | 促生长维生素的发现 |
| | 1934年 | 迈诺特、莫费、惠普尔 | 对贫血的肝脏治疗的发现 |
| | 1937年 | 圣捷尔吉 | 生物的燃烧过程和维生素C的功能的研究 |
| | 1943年 | 达姆、多伊西 | 维生素K的发现 |
| | 1953年 | 利普曼 | 辅酶A的发现 |
| | 1967年 | 沃尔德、格拉尼特、哈特兰 | 关于视觉的化学性和生理性的发现 |
| 诺贝尔化学奖 | 1928年 | 温道斯 | 类固醇和维生素的研究 |
| | 1937年 | 霍沃思 | 维生素C的合成 |
| | | 卡勒 | 维生素A和类胡萝卜素的研究 |
| | 1938年 | 库恩 | 类胡萝卜素和维生素的相关研究 |

# 4 提取果胶

## 【背景知识】

果胶是一种天然高分子化合物,具有良好的胶凝化和乳化稳定作用,已广泛用于食品、医药、日化及纺织行业。果胶广泛存在于水果和蔬菜中,果胶的基本结构是以 α—1,4苷键结合的聚半乳糖醛酸,在聚半乳糖醛酸中部分的羧基被甲醇酯化,剩余的部分与钾钠或胺等离子结合。

在橘子、苹果、马铃薯等植物的叶、皮、茎及果实中都有果胶。但是,资料显示柑橘皮富含果胶,其含量达6%左右,是制取果胶的理想原料。果胶分果胶液、果胶粉和低甲氧基果胶3种,其中以果胶粉的应用最为普遍。从柚皮中可以制取果胶粉和低甲氧基果胶。在酸性或碱性条件下,加热果胶会使甲酯水解、糖苷键断裂,变成低酯化度和低分子量的果胶,从而降低果胶的凝胶强度和速度。因此,在提取时要严格控制其水解温度、时间和酸碱度。

## 【实验前准备】

### 1. 实验材料

柑橘皮,水,烧杯,0.25%～0.3%盐酸,pH精密试纸,活性炭,稀氨水,95%酒精,酒精计,100目尼龙布,抽滤装置,干燥箱,尼龙滤布,电炉,小刀。

### 2. 安全提示

正确使用加热设备,注意安全。盐酸、酒精都是具有危险性的化学品,本实验须在成年人的帮助下进行。

## 【实验步骤】

**1.** 称取新鲜柑橘皮25克(干品为8克)用清水漂洗干净。

**2.** 在烧杯中加入约200毫升水,加热到90℃,放入柑橘皮,持续加热5～10分钟,以达到灭酶的目的。

**3.** 用水冲洗柑橘皮后,切成3～5毫米大小的颗粒。

**4.** 在烧杯中用50℃左右的热水漂洗,直到漂洗水无色、果皮无异味为止。

**5.** 将沥干的果皮粒放入烧杯中，加 0.25%～0.3% 盐酸约 60 毫升（浸没果皮粒），pH 值控制在 2.0～2.5 之间，加热到 90℃左右，提胶 45 分钟，趁热用四层纱布过滤。

**6.** 在滤液中加入 1.5%～2.0% 的活性炭，于 30℃加热 20 分钟进行脱色，以除去色素和异味等，并趁热抽滤。

**7.** 溶液冷却后，用稀氨水调节 pH 值为 3～4，在不断搅拌的情况下加入 95% 酒精。按果胶∶酒精 =1∶1.3 的体积比配比，使其混合液中酒精浓度达 50%～80%（用酒精计测定）。静置 10 分钟，使果胶沉淀完全，然后用 100 目尼龙布滤取果胶，榨干、搓碎，再于小烧杯内用 10 毫升酒精使果胶沉淀物脱水，洗涤一次，于尼龙布上榨干，待用，酒精液回收。

**8.** 热风干燥。

## 【原理解析】

在果蔬中果胶多以原果胶存在。在原果胶中，聚半乳糖醛酸可被甲醇部分酯化，并以金属桥（特别是钙离子）与多聚半乳糖醛酸分子残基上的游离羧基相连接。原果胶不溶于水，用酸水解时这种金属离子桥（离子键）被破坏，即可得可溶性果胶。再进行纯化和干燥即为商品果胶。

## 【延伸阅读】

果胶物质广泛存在于植物中，主要分布于细胞壁之间的中胶层，尤其以果蔬中含量为多。不同的果蔬中含果胶物质的量不同，山楂约为 6.6%，柑橘约为 0.7%～1.5%，南瓜中果胶含量较多，为 7%～17%。在果蔬中，尤其是在未成熟的水果和果皮中，果胶多数以原果胶存在。从柑橘皮中提取的果胶是高酯化度的果胶，在食品工业中常用来制作果酱、果冻等食品。

柠檬酸果冻配方：白糖 20 克，水 10 毫升，果胶适量，柠檬酸 0.1 克，枸橼酸钠比 0.1 克略少。

制作方法：将柠檬酸和枸橼酸钠溶于 10 毫升水中，将适量果胶拌入 1～2 倍的白糖，倒入枸橼酸钠水溶液中，不断搅拌，加热到沸腾。注意：切勿使果胶结块。待果胶完全熔化，加入其余的白糖，加热搅拌至沸腾，使白糖完全溶化，继续熬煮 15～20 分钟（温度为 105～110℃），冷却即成果冻。

# 5 花青素变色反应的观察

## 【背景知识】

植物体除了有绿色外,在不同季节、不同种类和不同部位有不同的颜色。正是这些不同的颜色把大自然装点得如此绚丽多彩。天然色素已广泛应用于食品的着色,而合成色素由于具有致癌性等问题,已禁止在食品中使用。花青素是一类天然色素,它们存在于水果和蔬菜中,使得水果和蔬菜呈现从红色到蓝色的色调。花青素不仅可以作为色素,而且也有许多生物活性,不同来源的花青素具有不同的特性。来源于葡萄皮的花青素可以降低心脏病的危险,来源于覆盆子的花青素对视力具有良好的保护作用。花青素遇到酸碱物质会发生怎样的变化呢? 我们通过下面实验来看一下。

## 【实验前准备】

### 1. 实验材料

红月季花瓣,剪刀,研钵,角匙,细砂,滴管,50%酒精,滤纸,熨斗,玻璃棒,盐酸溶液,氢氧化钠溶液,肥皂水

### 2. 安全提示

本实验须在成年人的帮助下进行,盐酸、酒精都是具有危险性的化学品,使用时要按规范操作;使用剪刀、熨斗时要注意安全。

## 【实验步骤】

1. 取红月季花瓣约5片,用剪刀剪成碎片置研钵中。
2. 在研钵中用角匙加入少许细砂,然后加入4滴管50%酒精作溶剂。
3. 将花瓣研磨成浆,浆液呈淡紫红色,含花青素。
4. 将裁好的滤纸条放到研钵中,吸收花青素浆液后取出。
5. 将吸过花青素的滤纸条用熨斗熨干,花青素滤纸熨干后显淡紫红色。
6. 用玻璃棒蘸取1%盐酸溶液,接触花青素滤纸,观察颜色,并作记录。

**7.** 用玻璃棒蘸取 1% 氢氧化钠溶液,接触花青素滤纸,观察颜色,并作记录。

**8.** 用玻璃棒蘸取肥皂水,接触花青素滤纸,观察颜色,并作记录。

## 【实验结果】

花青素滤纸遇酸(盐酸)变红色,遇碱(氢氧化钠)变蓝色,花青素在不同的酸碱环境下,会呈现不同的颜色。

如果花瓣完好无损,把酸碱溶液直接滴在花瓣上短时间内不会发生颜色变化,因为花青素是在细胞内的液泡中,有细胞膜隔绝,花青素接触不到酸碱,因此不会产生颜色变化。

## 【延伸阅读】

### 水果蔬菜中的花青素

花青素是一种水溶性色素,可以随着细胞液的酸碱改变颜色。细胞液呈酸性时偏红,细胞液呈碱性时偏蓝。花青素是构成花瓣和果实颜色的主要色素之一。

蔬菜营养的高低遵循着由深到浅的规律,其排列顺序总的趋势为:黑色、紫色、绿色、红色、黄色、白色。而在同一种类的蔬菜中,深色品种比浅色品种更有营养。对于紫色蔬菜,人们的熟悉程度不及绿色和红色蔬菜等。其实,除了茄子之外,紫色蔬菜还有紫红薯、紫甘蓝等,它们富含花青素。另外,含花青素多的水果有:黑桑葚、蓝莓和杨梅。花青素在欧洲被称为"口服的皮肤化妆品",它不但能防止皮肤皱纹的生成,更能补充营养素及消除体内有害的自由基。同时花青素还能起到增强免疫力、预防癌症、抵抗辐射等多种作用。

# 6  蛋黄中卵磷脂

## 【背景知识】

卵磷脂是构成生物体膜的重要成分,具有控制多种成分进入细胞内或排出细胞外的重要功能,以维持身体的整体协调,从而保证人体正常的生理活动。卵磷脂被誉为与蛋白质、维生素并列的"第三营养素"。卵磷脂也是良好的食品添加剂,具有表面活性功能,可用作乳化剂、湿润剂、分散剂、抗氧化剂等。

卵磷脂最初是在蛋黄中发现的,蛋黄汁中的卵磷脂不仅含量很高,并且吸收也很高,每枚鸡蛋中的卵磷脂含量约占蛋黄总重量的1%,约含700毫克的优质卵磷脂。适当地摄入蛋黄,可以帮助人体增强免疫力和代谢活力。

## 【实验前准备】

### 1. 实验材料

新鲜鸡蛋,95%酒精,10%氢氧化钠溶液,丙酮,小烧杯,玻璃棒,漏斗,滤纸,水浴锅,台秤,干燥的试管及试管架,量筒。

### 2. 安全提示

本实验须在成年人的帮助下进行,酒精、氢氧化钠溶液都是具有危险性的化学品,使用时要按规范操作。

## 【实验步骤】

**1.** 取鸡蛋黄约2克,放入小烧杯内,加入15毫升热的95%酒精,并同时搅拌,冷后滤入干燥试管内,如滤液混浊,需重滤,直到完全透明,将滤液在水浴锅上蒸干,所得干物即为卵磷脂粗品。

**2.** 取以上制得的卵磷脂一部分,放入试管中,加入10%氢氧化钠溶液2毫升并在水浴锅上加热。卵磷脂分解生成胆碱,胆碱在碱的作用下,形成三甲胺。注意三甲胺的腥味。

**3.** 取一些卵磷脂溶于1～2毫升丙酮中,添加1毫升酒精,观察变化。

**4.** 两支试管中各加入5毫升水,一支加卵磷脂少许,溶解后加5滴花生油,另一支也加5滴花生油,用力震摇试管,使花生油分散。观察两支试管内的乳化状态。

## 【原理解析】

机体的各种组织和细胞均含卵磷脂,在卵黄(约含10%)神经、精液、脑髓、肾上腺、心脏和酵母等组织内卵磷脂含量更高。

纯卵磷脂是白色蜡状块,不溶于水,易溶于氯仿、乙醚和二硫化碳中,但不溶于丙酮,利用后面这一特性可使其与中性脂肪分离。

## 【延伸阅读】

生理学研究指出,卵磷脂是生物体正常新陈代谢和健康生存必不可少的物质,对人体的脂肪代谢,肝脏损伤的修复等都起到非常重要的作用。卵磷脂能够促进脂类的代谢,保证血管的通畅及正常的肝脏功能。卵磷脂可显著地降低血中的胆固醇、甘油三酯、低密度脂蛋白的浓度,同进使对机体有益的高密度脂蛋白含量上升,阻止胆固醇在血管内壁沉积并可清除部分沉淀物,降低血液黏度,促进血液循环。

卵磷脂主要存在于鸡蛋、鱼肉、大豆、动物肝脏中,另外,蔬菜中如山药、香菇、黑木耳、芝麻中也含有一定的卵磷脂。除此之外,葵花籽、玉米、谷物等食物中也含有较多的卵磷脂。由于卵磷脂不耐热,它们的活性在25℃左右是最有效的,而超过50℃,卵磷脂的作用也就没有了。所以,在烹饪食物的时候要将温度控制在50℃之内。

# 7 苹果变色了

## 【背景知识】

食物中所含的氨基化合物如蛋白质、氨基酸及醛、酮等与还原糖相遇,经过一系列反应生成褐色聚合物的现象称为褐变反应,简称褐变。褐变按其发生的机理分为酶促褐变(生化褐变)和非酶促褐变(非生化褐变)两大类。

酶促褐变多发生在水果蔬菜等新鲜植物性食物中,是酚酶催化酚类物质形成醌及其聚合物的结果。削开的苹果暴露在空气中放置一段时间,就会发现苹果的果肉逐渐变成褐色,为什么会出现这样的现象呢?

## 【实验前准备】

### 1. 实验材料

苹果,水,烧杯,捣碎机,维生素C溶液,细口瓶,电炉。

### 2. 安全提示

正确使用加热设备,以免灼伤手。

## 【实验步骤】

采取三种方法:即热烫处理、加抗氧化剂(维生素C溶液)以便隔绝氧,观察苹果颜色的变化。

**1.** 苹果削皮后去核,切块,平分成两组,A组热烫(水温90℃)1~2分钟后,放在烧杯中;B组不经热烫,放在另一只烧杯中。每隔5分钟观察两组苹果的颜色变化,记录现象,并说明原因。

**2.** 苹果削皮后去核,切块,于捣碎机中捣碎,包纱布挤压过滤,然后分成两组,A组汁液于烧杯中,加入维生素C溶液中装于细口瓶中;B组汁液直接装于细口瓶中。每隔5分钟观察一次两组果汁的颜色变化,记录现象,并说明原因。

**3.** 苹果削皮后去核,切块,分成3份,2份浸入一杯清水中,1份置于空气中,5分钟后,观察记录现象。而后,又从杯中取出一份置于空气中,5分钟后再观察比较。

## 【原理解析】

这个实验是采用三种方法:即热烫处理、加抗氧化剂(维生素C溶液)以便隔绝氧,观察苹果颜色的变化。

1. 加热能使苹果中的酶失去活性,酚不能发生氧化反应,从而使苹果不发生褐变。

2. 维生素C是抗氧化剂,可以抑制酶的活性,苹果的颜色可以长时间保持不变。

3. 泡在清水中,能使苹果不与空气中的氧接触,酚和酶也不能发生反应,从而使苹果不发生褐变。

【延伸阅读】

酶促褐变是由酶所引起的,蔬菜水果变色的原理叫酶促褐变,也就是说它是一个褐变的过程,先是粉红,然后变成深红,深红变成褐色,最后变成黑色,这样循序渐进的过程,是一个氧化的过程,就是把植物细胞切开了,里面有一些容易氧化的物质,加上空气里面的氧气,再加上植物里面本身的一种多酚氧化酶,三样东西凑齐了,颜色就变了。

非酶褐变与酶无关,如美拉德反应、焦糖化反应、抗坏血酸氧化等。

鲜切水果以其新鲜、营养、方便、无公害等特点,受到欧美、日本等国消费者的喜爱,在我国也开始逐步受到关注。鲜切水果的主要质量问题是褐变,褐变造成外观极差。因此,对酶促褐变的抑制,一方面应通过培育抗褐变的水果新品种,改善栽培管理技术,减少采收、贮运、加工过程中的机械损伤,降低对苯丙氨酸解氨酶活性的诱导,从而控制可被氧化的酚类底物形成,延缓鲜切水果褐变;另一方面,控制多酚氧化酶活性可被热、有机酸、某些酚类、硫、螯合剂、醌偶联剂等物质抑制的特性,对褐变加以控制。

# 8  植物芳香油的提取

【背景知识】

在生物组织中,不但含有蛋白质和DNA,而且含有很多人们需要的有效成分,如食用油、芳香油、植物色素和药物成分等。不同植物的根、茎、叶、花、果实和种子都可以提取芳香油。

什么是芳香油? 所有的植物都会进行光合作用,它的细胞会分泌出芳香的分子,这些分子则会聚集成香囊,散布在花瓣、叶子或树干上。将香囊提炼萃取后,即成为我们所称的"植物精油"。 精油可由250种以上不同的分子结合而成。在大自然的安排下,这些分子以完美的比例共同存在着,使得每种植物都有其特殊性。

## 【实验前准备】

### 1. 实验材料

新鲜橘皮水,石灰水,家用粉碎机,小苏打,硫酸钠,压榨机,纱布,离心机,滤纸。

## 【实验步骤】

**1.** 将新鲜橘皮用清水清洗沥干。

**2.** 用7%～8%石灰水浸泡橘皮24小时。

**3.** 将浸泡好的橘皮用清水彻底漂洗干净,沥干。

**4.** 将橘皮粉碎,加入小苏打和硫酸钠后,用压榨机压榨得到压榨液。

**5.** 将压榨液用纱布过滤,滤液再经高速离心处理,分离出上层橘皮油。

**6.** 将橘皮油在5～10℃冰箱中静置5～7天,分离出上层澄清橘皮油。

**7.** 将下层橘皮油用滤纸过滤,滤液与上层橘皮油合并,得到橘皮精油。

## 【原理解析】

橘皮精油的性质是无色透明,主要成分为柠檬烯,蒸馏时会水解。本实验是通过机械加压,压榨出果皮中的芳香油。

## 【延伸阅读】

芳香油的提取方法有蒸馏、压榨、萃取等。根据原料特点的不同,可采用不同的提取方法。

### 芳香油的提取方法

| 提取方法 | 原　　理 | 方法步骤 | 适用范围 |
|---|---|---|---|
| 水蒸气蒸馏 | 水蒸气可将挥发性较强的芳香油携带出来形成油水混合物,冷却后水油分层 | 1. 水蒸气蒸馏<br>2. 分离油层<br>3. 除水过滤 | 适用于提取玫瑰油、薄荷油等挥发性强的芳香油 |
| 压榨法 | 通过机械加压,压榨出果皮中的芳香油 | 1. 石灰水浸泡、漂洗<br>2. 压榨、过滤、静置<br>3. 再次过滤 | 适用于柑橘、柠檬等易焦煳原料的提取 |

（续表）

| 提取方法 | 原　理 | 方法步骤 | 适用范围 |
|---|---|---|---|
| 有机溶剂萃取 | 芳香油易溶于有机溶剂，溶剂蒸发后得到芳香油 | 1. 粉碎、干燥<br>2. 萃取、过滤<br>3. 浓缩 | 适用范围广，要求原料的颗粒要尽可能细小，能充分浸泡在有机溶液中 |

# 9  自制酸奶

## 【背景知识】

提到细菌，人们都会想到它们是会导致疾病的有害微生物。但其实在我们生活中有相当一大部分细菌是有利于我们人类健康的。比如在我们人体肠道内栖息着数百种的细菌，其数量超过百万亿个。其中对人体健康有益的叫益生菌，以乳酸菌、双歧杆菌等为代表；对人体健康有害的叫有害菌，以大肠杆菌等为代表。益生菌是一个庞大的菌群，当益生菌占优势时（占总数的80%以上），人体保持健康状态，否则处于亚健康或非健康状态。长期科学研究结果表明，以乳酸菌为代表的益生菌是人体必不可少的且具有重要生理功能的有益菌，它们数量的多和少，直接影响到人的健康与否，直接影响到人的寿命长短。科学家长期研究的结果证明，乳酸菌对人的健康与长寿非常重要。

凡是能从葡萄糖或乳糖的发酵过程中产生乳酸的细菌统称为乳酸菌。这是一群相当庞杂的细菌，目前至少可分为18个属，共有200多种。乳酸菌可用于制造酸奶、乳酪、德国酸菜、啤酒、葡萄酒、泡菜、腌渍食品和其他发酵食品，能够将碳水化合物发酵成乳酸，因而得名。乳酸菌能够帮助消化，有助人体肠脏的健康，因此被视为健康食品，常添加在酸奶之内。

## 【实验前准备】

### 1. 实验材料

容器，勺子，益生菌酸奶120克，白砂糖，鲜牛奶，玻璃棒，恒温箱。

### 2. 安全提示

注意给容器、勺子消毒时不要烫伤。

## 【实验步骤】

**1.** 将容器、勺子经高温消毒。

**2.** 将120克益生菌酸奶放入消毒过的容器。

**3.** 在容器中放入2勺白砂糖。

**4.** 倒入鲜牛奶,用玻璃棒搅拌均匀。

**5.** 加盖,放入30℃～35℃的恒温箱中,放置10～12小时。

**6.** 待凝固得像豆腐似的,酸奶形成。刚发酵的酸奶可以直接食用,但冷藏24小时后,味道更佳。

## 【原理解析】

牛奶中的乳糖在乳糖酶的作用下,首先将乳糖分解为2分子单糖,进一步在乳酸菌的作用下生成乳酸;乳酸使奶中酪蛋白胶粒中的胶体磷酸钙转变成可溶性磷酸钙,从而使酪蛋白胶粒的稳定性下降,并在pH值为4.6～4.7时,酪蛋白发生凝集沉淀,从而形成酸奶。

## 【延伸阅读】

酸奶是利用乳酸菌发酵牛乳、羊乳等动物乳类制成的发酵乳制品,而活性乳酸菌饮料是利用乳酸菌对乳类发酵进而调配制成的发酵乳饮料,它以清爽的口感、独特的风味和较高的营养保健功能得到广大消费者的青睐。其最大优势在于饮料中的乳酸菌是以活菌形式存在于产品中,从而有助于发挥乳酸菌在人体肠道中的生理功能。

乳酸菌发酵还可用于生产稀奶油,发酵中产生的乳酸在某种程度上可以抑制腐败菌繁殖,提高奶油的稳定性;而另一作用则是增香,因此发酵法生产的酸奶油比甜奶油具有更浓的芳香味。干酪是在乳中加入适量的乳酸菌发酵剂,使乳中蛋白质凝固后,排除乳清,将凝块压制而成的产品。在泡菜生产加工过程中,乳酸菌利用蔬菜的养料发酵,可提高蔬菜制品的营养价值,改善蔬菜制品风味,防止腐坏。

刘皂燕

# 探秘自然之旅

## ▌穿越地心（Earth's layers）

【背景知识】

你看过《地心历险记》吗？这部电影改编自凡尔纳的小说《地心游记》。剧中的主人公地质学家特雷弗相信地球是空心的，为此遭人嘲笑。为了寻找失踪的哥哥,他和小伙伴们前往冰岛探险,意外落入地球深处。在地底世界他们遇到了许多奇异的生物,然而,他们该如何回到地表上去呢?

那么问题来了：地球的内部,真的像电影中那样是空心的吗？当然不是。地球主要分为四层：内核（inner core）、外核（outer core）、地幔（mantle）和地壳（crust）。

今天就让我们一起动手制作一个地球,了解一下地球的圈层结构吧!

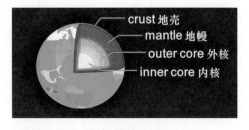

地球的圈层结构

【活动前准备】

1. 活动材料

红色、黄色、橙色、蓝色、绿色、白色的超轻黏土,便利贴。

【活动步骤】

**1.** 将红色的黏土搓成半圆小球,制作成为地球的内核。

地球内核

**2.** 将黄色的黏土捏成帽形,包住红色半圆,制作成为地球的外核。

**3.** 将橙色的黏土捏成帽形,包住黄色半圆,制作成为地球的地幔,注意地幔应该是最厚的一层。

**4.** 用蓝色的黏土捏成圆形薄片包住橙色半圆,制作出海洋。用绿色黏土制作出大陆,用白色黏土制作出云朵。

制作黏土地球

**5.** 在便签纸上写出地球各层次的名称:内核、外核、地幔和地壳,裁剪成合适的尺寸,贴到自己的黏土地球上。

## 【知识问答】

1. 地球的圈层结构是如何形成的?

原始的地球在爆炸,行星撞击等作用下,温度非常高,呈现液态。在水中,密度(density)低的物质会浮起来,密度高的物质会下沉。同样的道理,地球也是根据物质的密度不同形成不同的层次。密度比较大、比较重的物质,比如铁(iron)和镍(nickel)留在了核心部分;比较轻的物质,比如铝(Aluminum)和硅(silicon)则留在了表面。就这样,地球形成了四个层次:内核,外核,地幔和地壳。

2. 现代科技只能帮助我们挖到地壳的三分之一,我们是怎么了解地球的结构的呢?

在现有的技术条件下,要钻探到地核是不可能的。但我们并不需要这么做就能了解地球的内部结构。地球内部结构是科学家在研究地震波(seismic waves)时偶然发现的。1910年,前南斯拉夫地震学家莫霍洛维奇(Andrija Mohorovicic)意外地发现,地震波在传到地下50千米处有折射(refraction)现象发生。他认为此处应该是不同物质的分界面。地震波在不同的物质中传播的速度不同,科学家们通过观测地震波来了解地球内部的结构,

## 【延伸阅读】

核心(Core):地球核心的主要成分为较重的铁(iron)和镍(nickel)。外核

(outer core)由液态的熔岩(lava)组成。内核的温度可以高达6 800摄氏度,这比太阳表面的温度都更高。需要注意的是,内核是固态的(solid)。

地幔(Mantle):在地壳之下是由岩石组成的地幔。地幔内部的岩石温度很高。下层的地幔移动比较缓慢,速度大约是每年几厘米。热量从滚烫的地幔内层逐步传递到地幔外层。地幔大约有2 865千米厚。地幔占地球总质量的85%。

地壳(Crust):地壳漂浮在地幔上,它由各种岩石、土壤和地球表面上你所看到的一切事物组成。地壳非常薄,只占地球不到1%的体积。如果把地球比作一个桃子的话,地壳就像桃子皮一样薄。在海洋下的地壳更薄一些,只有6 000～11 000米厚,海底是新的地壳生成的地方。大陆的地壳则要厚一些,有25 000～90 000米厚,几乎比海洋地壳厚3倍。

# 2 火山探秘(Volcanoes)

## 【背景知识】

地壳有时候比我们想象得更脆弱。在地幔和地核中,有着滚烫的融化的岩石,它们被称为岩浆(magma)。 有时候地壳会出现裂缝,熔岩就会喷涌而出。岩浆从地壳表面喷出的地方就被称为火山(volcanoes)。

火山非常危险,火山喷发(erupt)时会破坏周围的环境,动物和人类的生命也会受到威胁。当岩浆从火山中喷发出来,我们称它为熔岩(lava)。而熔岩并不是唯一从火山中喷发出来的物质。许多石块也会从火山中被喷射出来,击中人群或者破坏房屋和汽车。比起熔岩,从火山中喷出的炙热气体对人类和动物来说更危险。火山喷发时,水蒸气(water vapor)和火山灰(ash)也被大量喷射到大气中。2019年,冰岛的一座火山喷发,大量的火山灰遮蔽了天空,使得欧洲的飞机都无法起飞。

今天我们一起来做一个模拟火山喷发的小实验。

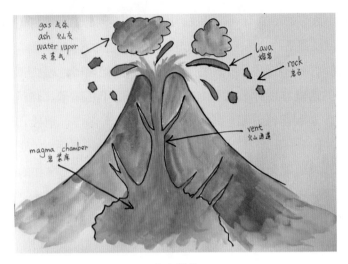

火山爆发

## 【活动前准备】

### 1. 活动材料

火山爆发实验套装：护目镜，手套，报纸，火山模型，量勺，碳酸氢钠干粉，柠檬酸干粉，搅拌棒，量杯，水，针筒。

*实验套装可通过互联网购买。

## 【活动步骤】

**1.** 戴上护目镜和手套。

**2.** 在桌面上铺设报纸，将火山模型放在桌面中央。

**3.** 用量勺取等量的碳酸氢钠干粉和柠檬酸干粉，在火山模型的火山口用搅拌棒混合均匀。

**4.** 在量杯中放入清水，用针筒抽取适量清水，注入火山口中。

**5.** 观察喷发的现象。

**6.** 清理桌面。

## 【知识问答】

1. 模拟火山喷发实验和实际火山喷发的原理有什么区别？

模拟火山喷发实验原理是：小苏打（碳酸氢钠）和柠檬酸产生酸碱中和反应生成了二氧化碳气泡，由于粉末被染成了红色，所以现象看起来像火山爆发。实际火山喷发的原理为岩浆库（magma chamber）中压力较高，在压力的作用下，岩浆从地壳的裂缝（如火山口）中喷出。

2. 火山分为哪几种类型？

活火山（active volcano）：尚在活动或周期性发生喷发活动、处于旺盛时期的火山。

休眠火山（dormant volcano）：曾经喷发、但长期以来处于相对静止状态的火山。

间歇火山（intermittent volcano）：喷发时间很有规律的火山。

死火山（extinct volcano）：史前曾发生过喷发，但有史以来一直未活动过的火山。

3. 火山爆发前有什么样的征兆？

通常会有隆隆响声；大地开始摇晃；火山口冒出蒸汽、火山灰等物质。

## 【延伸阅读】

### 庞贝末日（The End of Pompeii）

庞贝（Pompeii）是一座位于意大利那不勒斯附近的古代罗马（Rome）城市。庞贝古城和赫库兰尼姆以及周边地区的许多乡镇，都在公元79年维苏威火山（Mount Vesuvius）爆发时被毁，长眠于4～6米的火山灰和岩石之下。

科学家们认为这座城镇建立于公元前六七世纪，在公元前80年被罗马人占领。在被火山喷发毁灭之前，人口大约20 000人。

那一次的火山喷发对于庞贝来说是一场巨大的灾难。城镇毁灭的证据最初来源于小普林尼的一封信。信上描述了他从远处看到了火山爆发，并记录了他的叔叔老普林尼的死亡：他是罗马海军的一名上将，正在试图营救人们。这个地区沉寂了大约1 500年，直到1599年被人们重新发掘（rediscover）。大约150年后，西班牙工程师罗克·阿尔库维雷（Roque Alcubierre）在1748年重新发掘了庞贝古城。由于缺乏空气和水，埋在城市下面的物体完好保存了几千年。这些文物详细地展现了罗马和平时期的城市生活。在挖掘过程中，人们用石膏（plaster）被用来填补火山灰中曾经容纳人体的空隙。这使得人们能够得知死者死亡时的确切姿态。

# 3 化石寻踪 (The Fossils)

## 【背景知识】

　　动物或者植物死亡后，通常会很快腐烂（decay）。动物的尸体（remains）常常会被吃掉。而有的时候，动物的尸体会被泥沼（mud）或火山灰等沉积物掩埋，沉积物（deposit）中没有空气，尸体也就不会腐烂，其他动物也无法接触到尸体。动物的遗骸就这样被保存（preserve）下来。随着时间的推移，更多的沉积物将遗骸埋得越来越深。沉积物中的矿物质（mineral）将遗骸转化为岩石，化石就是这样形成的。化石使我们能够对已经灭绝（extinct）的生物有所了解。

## 【活动前准备】

　　1. 活动材料

化石针或粉刺针，三叶虫（trilobite）化石，刷子。

*可通过互联网购买湘西王冠虫化石。

## 【活动步骤】

　　**1.** 使用化石针或粉刺针，细心清理三叶虫化石周围的围岩（surrounding rocks），注意不要破坏化石本身。

　　**2.** 用刷子清理碎石和灰尘。

　　**3.** 重复以上步骤直到完成化石清修。

三叶虫化石

## 【知识问答】

　　1. 什么是化石？

远古的动物或者植物的尸体或者印迹（impression）被保存在石头或者其他地质沉积物中，就称之为化石。

2. 我们怎么称呼研究化石的科学家？

我们称他们为古生物学家（Paleontologists）。古生物学（Paleontology）是研究史前生命（prehistoric life）的学科。

3. 如何才能找到化石呢？

古生物学家会在一些挖掘点（dig sites）寻找化石，不过当人们搬动或者挖掘岩石和土层的时候，也常常意外发现化石。

4. 为什么三叶虫化石价格较为低廉？

三叶虫的化石产量很大，并且三叶虫的本体和脱落的外壳都能形成化石。图中清修的化石是三叶虫中的王冠虫的尾部，缺少头部，属于不完整的化石，因此价格较低廉。

## 【延伸阅读】

化石有哪些类型？
What are the types of fossils?

如果没有化石，我们就无法对恐龙（dinosaur）有所了解。

有一些化石并不是动物的尸体，而是动物的足迹（footprints）或者生活的痕迹。石化了的动物粪便被称为粪化石（coprolites）。科学家们曾经在霸王龙（Tyrannosaurus Rex）的粪便中找到过碎骨头。科学家们还找到过带羽毛的恐龙的化石。完整的动物的化石是非常罕见的。科学家经常找到的是骨头、牙齿等等部件。有时候动植物的尸体并不是通过岩石的形式保留下来的。如昆虫被困在树脂（tree resin）中，经年累月，树脂成为琥珀（amber），里面保存的昆虫完好无损。

## 4 复活猛犸象（Mammoths）

## 【背景知识】

长毛猛犸象（woolly mammoth）是一种生活在冰河世纪（ice age）的动物。现在地球上已经没有活生生的猛犸象了，也就是说它们已经灭绝（extinct）了。

长毛猛犸象其实并没有它的名字那么吓人。首先它真的没有那么"猛犸"——这个词表示体型巨大。实际上，长毛猛犸象并不比现在的大象大多少。

你不必害怕猛犸象的另一个理由是它并不想吃掉你。长毛猛犸象是素食动物（herbivores），只吃草和其他植物，不吃肉。

猛犸象

## 【活动前准备】

1. 活动材料

报纸，封存猛犸象塑料骨骼的石膏板，塑料锤子，塑料凿子，水。

*长毛猛犸象挖掘套装可通过互联网购买。

## 【活动步骤】

**1.** 在桌面上铺设报纸，将石膏板放在桌面中央。

**2.** 用塑料锤子和凿子慢慢挖出猛犸象的骨头。

**3.** 在石膏板上撒上水以防扬尘。

**4.** 重复以上步骤。

**5.** 将猛犸象的骨头拼接，组装成一头完整的猛犸象。

猛犸象骨骼模型

## 【知识问答】

1. 长毛猛犸象是如何在寒冷的冰河世纪生存的？

猛犸象有三层毛发可以御寒：最外层的长长的粗硬毛（guard hair）、中间的绒毛，以及最下层的软毛。除此以外，猛犸象的皮肤下还有一层厚厚的脂肪（fat）。与现代大象相比，猛犸象拥有更小的耳朵和更短的尾巴。这些特点都能够减少热量（heat）的散失。

2. 长毛猛犸象在冰河世纪吃什么食物？

即使在寒冷的冰河世纪，也有植物能够生长。猛犸象会用象牙（tusk）挖出生长在积雪之下的植物。它们吃草、苔藓（sedge）、柳树（willow）、冷杉（fir）和桤木（alder tree）的叶子。为什么我们能够详细地知道猛犸象的食物呢？这是因为科学家们在冻原（tundra）中发掘出了保存完好的猛犸象尸体（carcass），并且在它们的胃里和嘴巴里发现了这些植物。

## 【延伸阅读】

猛犸象能够被复原吗？
Can the woolly mammoths be brought back?

由于许多的猛犸象尸体（corpse）都保存得非常完好（well preserved），科学家们能够从中提取（extract）到它的DNA。其中一个非常完好的样本（specimen）是一头名为毛茛（buttercup）的50多岁的雌性猛犸象。它生活在大约40 000年前。

从理论上来说，提取到的DNA可以被用来克隆（clone）猛犸象，让这种已经灭绝的巨兽起死回生。有一个被称为猛犸象复兴（The Woolly Mammoth Revival）的项目正在努力把这个想法变为现实。

这个理念在科学界备受争议（highly contested）。有些反对（objection）的声音指出猛犸象的栖息地（habitat）早已不是它在史前生活的时候的样子了，科隆猛犸象要居住在何处呢？另一些人则认为，如果猛犸象被复原，我们可以为它们创造栖息地。

另一个令人担忧的问题是，从猛犸象灭绝至今，已经过去了10 000多年，这其中微生物（microbes）发生了怎样的变化呢？动物依靠微生物来帮助消化（digest）食物。如果猛犸象所需的微生物已经灭绝了，而猛犸象又被克隆了出来，那么它就可能遭受痛苦折磨（suffer）。

到目前为止，哈佛遗传学家（geneticist）乔治·丘奇（George Church）和他的同事们已经利用基因编辑技术（gene-editing technique）将猛犸象的基因插入大象皮肤细胞的DNA中。这虽不是真正的克隆猛犸象，但这是操纵（manipulate）猛犸象尸体中发现的DNA的第一步。

# 5 神奇的光合作用
## （The Process of Photosynthesis）

## 【背景知识】

你知道地球上最重要的化学反应（chemical reaction）是哪一种反应吗？答案也许出乎你的意料，它就是光合作用（Photosynthesis）。这一过程对于维持大气中氧气（oxygen）的正常水平至关重要，并且几乎所有的有氧生命，都直接或间接地依赖光合作用来获取能量。尽管光合作用在不同物种中以不同的方式发生，但有些特征仍然相同。光合作用是植物利用来自太阳光的能量产生糖的过程，而糖是所有生物使用的"燃料"（fuel）。

光合作用是一种化学过程。植物、某些原生生物（protist）以及细菌（bacteria）能够通过光合作用利用光和二氧化碳（carbon dioxide）产生葡萄糖和氧气。葡萄糖（glucose）是一种能量单位，帮助树木和植物生存和生长。由于地球上大多数生物的生存直接或间接地依赖于植物，所以光合作用是至关重要的。

## 【活动前准备】

1. 活动材料

植物贴纸，A4纸。

## 【活动步骤】

**1.** 将植物贴纸贴在A4纸的中央（也可以自己绘制植物）。

**2.** 用绘画的方式表现光合作用的过程：

水＋二氧化碳＋阳光＝葡萄糖＋氧气

water + carbon dioxide + light = glucose + oxygen

光合作用

## 【知识问答】

光合作用有多重要？可以举个例子说明吗？

光合作用对于地球上所有的生命都至关重要。举个例子来说，恐龙的灭绝可能与光合作用的缺席密切相关。关于恐龙灭绝有一种理论叫小行星撞击（asteroid impact）理论。小行星撞击造成的巨大尘埃云（dust cloud）遮蔽了日光，使得光合作用在一段时间内被阻断。这摧毁了白垩纪的许多植物，因此食草（herbivorous）恐龙饿死了，而食肉（carnivorous）恐龙也没什么可吃的了。可以说光合作用被阻断是造成恐龙灭绝的一大原因。

## 【延伸阅读】

### 光合作用的重要性
### Importance of Photosynthesis

简而言之，光合作用的过程对我们有以下好处：

1. 光合作用将无机（inorganic）原料转化为（convert）食物，为我们的生态系统（ecosystem）提供能量。

2. 绿色植物为所有的动物和人类提供有机（organic）食物。

3. 煤（coal）、石油（petroleum）和天然气（natural gas）等稀有化石燃料

（fossil fuels）是由过去的动植物降解（degradation）而成，这些动植物最初也是通过光合作用形成的。

4. 木材、橡胶、草本植物（herb）、医药、树脂（resin）和油脂等植物产品都是通过光合作用获得的。

5. 光合作用对于维持大气中氧气的正常水平至关重要。

# **6** 揭秘植物繁殖（How do Plants Reproduce?）

## 【背景知识】

市场上的水果丰富多样，美味可口，在享用水果的时候，你想过水果是从哪里来的吗？自然界中有许多植物会开花结果。虽然花朵们形态各异，但它们都有一些相同的器官，这些器官能够生产种子，赋予新的植物生命。

雄蕊（stamen）是花朵的雄性器官。雄蕊由花丝（filament）和花药（anther）组成。雄蕊的作用是产生花粉（pollen）。

雌蕊（pistil）是花朵的雌性器官。雌蕊由柱头（stigma）、花柱（style）、子房（ovary）、胚珠（ovule）等部分组成，雌蕊的作用是接受花粉，与胚珠结合，产生种子。

## 【活动前准备】

1. 活动材料

纸，水彩笔，中性笔。

## 【活动步骤】

**1.** 简单勾勒花的结构，突出雌蕊和雄蕊，填上色彩。

**2.** 标注出雄蕊、雌蕊和它们的组成部分，并写出雄蕊和雌蕊的作用。

## 【知识问答】

不开花的植物如何进行繁殖呢？

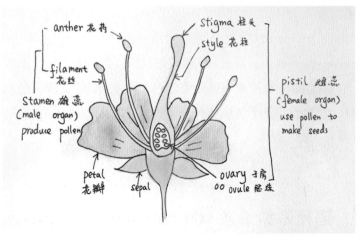

花的结构

开花的植物一般通过种子繁殖，这类植物叫被子植物（angiosperm），特点是种子被包在果实里。自然界中也有许多不通过开花来进行繁殖的植物。比如说蕨类植物（fern）是通过孢子（spore）进行繁殖的，蕨类植物叶片的背面往往会有一些小点，这就是孢子。孢子成熟后脱落，掉进土里繁殖新的植株。针叶树（conifer），比如松树（pine tree），也不开花，它的种子结在球果（pinecone）的内部。

## 【延伸阅读】

### 植物授粉的方式
### How do Plants Get Pollinated?

授粉有许多种方式。我们可以用人工的方式将花粉从一朵花转移（transfer）到另一朵花上。但在自然界中，大多数植物是在没有人工帮助的情况下完全授粉的。植物通常是依靠动物或风来完成授粉的。

当蜜蜂、蝴蝶、飞蛾（moth）、苍蝇和蜂鸟（hummingbird）等动物为植物授粉时，这是偶然发生的。他们不是特意来给植物授粉。通常是它们在植物上获取花粉或者花蜜（nectar）之类的食物时，摩擦到了雄蕊，使花粉粘在自己身上。当它们到另一朵花上觅食时，身上的花粉会擦到另一朵花的柱头上，帮助植物完成授粉。主要由动物传粉的植物通常颜色鲜艳，有浓烈的香味来吸引动物授粉者。

风媒(wind-pollinated)植物是指靠风授粉的植物。风从一颗植物上带走花粉,吹到另一棵植物上。通过风授粉的植物通常有较长的雄蕊和雌蕊。因为它们不需要吸引动物授粉者,花朵颜色通常是较暗淡的颜色,没有香味(unscented)。因为不需要昆虫或蜂鸟等动物落在花上,所以在它们的花瓣也比较小,甚至没有花瓣。

# 7 消化系统之旅(Our Digestive System)

## 【背景知识】

想象一下午饭时间,你美美地吃了一碗鱼香肉丝盖浇饭,吃完又喝了一杯珍珠奶茶,接着继续去上下午的课。很快你就全身心投入到课堂中去了。你已经完全忘记了中午吃的鱼香肉丝饭和珍珠奶茶。但这些食物还在你的消化系统(digestive system)里继续被消化,你体内的器官还在继续工作着。

我们一起来认识一下消化系统中主要的器官和组织!

## 【活动前准备】

### 1. 活动材料

铅画纸,彩笔,剪刀,胶水。

## 【活动步骤】

**1.** 在铅画纸上绘制出食管、胃、小肠、肝脏、胰腺、大肠,注意大小比例,用彩笔涂色后分别剪下。

**2.** 在另一张铅画纸上绘制身体,注意和器官比例配合,可以在头部贴上自己的大头贴。

**3.** 将器官按照正确的位置贴到身体上,并标注名称。

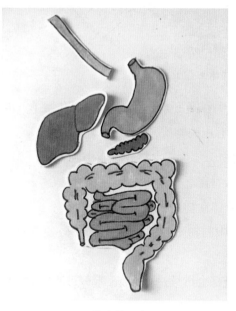

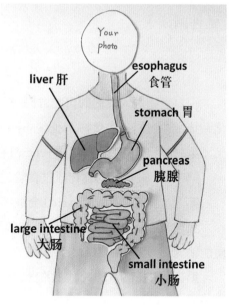

人体消化器官　　　　　　　　制作消化系统示意图

## 【知识问答】

1. 消化系统中的器官和组织分别有什么作用?

食管（esophagus）：食管是连接喉咙和胃的通道（canal）。食物被咽下后必须通过食管才能到达胃。

胃（stomach）：食物在胃部与酸性物质（acid substance）混合,被进一步消化分解。胃部与食管和小肠相连。

小肠（small intestine）：小肠位于胃和大肠之间。肝脏（liver）分泌的胆汁（bile）和胰腺（pancreas）分泌的液体在小肠中帮助分解食物中的营养物质（nutrients）,使之能进入血液。

肝脏（liver）：肝脏能制造胆汁,帮助分解小肠消化过程中的食物,主要是促进脂肪的消化和脂溶性维生素（fat-soluble vitamin）的吸收。

胰腺（pancreas）：胰腺是一种腺体（gland）,它分泌帮助小肠消化食物的消化酶（digestive enzymes）。

大肠（large intestine）：大肠位于小肠和肛门之间。大肠吸收食物残渣中的水分,形成粪便从肛门（anus）排出。

## 【延伸阅读】

### 食物进入人体后是如何被消化的?
### How is food digested in Our Body?

一旦食物进入我们的口腔,被我们咀嚼吞咽下去,消化的过程就开始了。消化系统帮助我们分解食物,吸收(absorb)有用的物质,排出废物。

第一步:我们用牙齿咀嚼(chew)食物。牙齿把食物分解成小块。

第二步:被嚼碎的食物通过食管进入胃部。

第三步:胃中的酸液(acid)会继续分解食物。

第四步:食物进入小肠,肝脏和胰腺中的物质会将其进一步分解,使营养物质能输送到血液中。

第五步:任何不进入血液的食物残渣都会继续进入大肠,水分被吸收后,形成粪便。

第六步:这些食物残渣通过肛门排出体外。

# 8 人体之泵:心脏
# (Our Heart—The Pump of Our Body)

## 【背景知识】

心脏是人体循环系统(circulatory system)中的动力。心脏是一个肌肉器官(muscular organ),它有节奏地(rhythmically)将血液围绕着一个复杂的血管网络(network of blood vessels)泵(pump)送到身体的每一个部位。血液输送人体组织(tissue)和器官活动所需的氧气(oxygen)和营养物质(nutrients),并且在清除体内废物(waste)方面起着至关重要的作用。一般体型的成年人大约有5升血液。

## 【活动前准备】

1. 活动材料

铅画纸,铅笔,水彩笔。

## 【活动步骤】

**1.** 用铅笔在铅画纸上勾勒出心脏的轮廓,注意左右心室和心房的大小比例以及血管的位置,用水彩笔涂色并标出具体名称。

**2.** 标出心室、心房、主要血管的名称,标明血液流向。

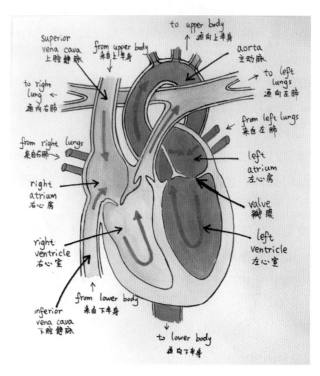

心脏

## 【知识问答】

心脏在身体的左边吗?

心脏位于人体中线偏左,并不是完全位于身体的左侧。心脏的位置在胸腔的中间,由于本身的形状和构造,心脏呈现右上左下倾斜,约三分之二的体积在身体中线的左侧,约三分之一的体积在身体中线的右侧。古人通常认为心脏位于左侧,这是因为左心房和左心室收缩的力量比右心房和右心室强,摸心跳时会感觉心脏在左边。

## 【延伸阅读】

心脏

Heart

心脏不知疲倦地收缩（contract）。在人的一生中，心脏平均收缩超过25亿次，将血液泵入全身。这些收缩是由起源于心脏组织特殊区域的电脉冲（electrical impulse）触发的。这些信号（signal）通过传导纤维（conducting fibre）网络在心肌（cardiac muscle）中传播。

心脏上部的两个空腔（upper chambers），称为心房（atria），下部的两个空腔（lower chambers），称为心室（ventricles）。来自身体的血液进入右心房（right atrium），这种血液血氧含量低。血液进入右心室（right ventricle），右心室将血液泵入肺部，以获取更多的氧气。左心房（left atrium）接收来自肺部的富氧（oxygen-rich）血液。这些血液会进入左心室，通过主动脉（aorta）输入全身各处。

在每个心腔的出口处（exit）都有一个瓣膜（valve）。它确保血液单向流过（one-way flow）心脏进入循环。这些瓣膜像一个单向的门，能够打开允许血液单向通过，也能够紧紧闭上以防止回流（backflow）。

宋晓辉

# 好玩的数学

## ▌ 数字魔术

**【背景知识】**

　　著名的数学科普大师马丁·加德纳先生有一个非常重要观点：世界上的数大体可以分成两大类——有趣的数与没趣的数。不过，究竟有趣还是无趣，要看这个数的本质，而不能用庸俗的标准去衡量。如果有人把88曲解成"发发"而因此认为88是一个有趣的数的话，那就大错特错了。

**【活动前准备】**

　　1. 活动材料

　　纸张，笔。

**【活动步骤】**

　　**游戏1：**

　　请你在黑板上随便写一个数，然后把这个数打乱顺序排成另一个数，再用大数减小数得出差，最后把差数中任一个非零数字划掉，把余下的数字按任意次序读出，就能猜出划掉的数字，你信吗？

　　如：　想一个数342　$\Longrightarrow$　排成另一个数234　$\Longrightarrow$　342−234=108

　　$\Longrightarrow$　划掉8，读出1　$\Longrightarrow$　猜出划掉的数字是8

　　你知道其中的奥秘吗？多做几次试验，能从中发现蛛丝马迹吗？

游戏2：

心里想一个数，然后按下列步骤计算：

这个数＋这个数 $\Longrightarrow$ 所得的和×这个数 $\Longrightarrow$ 所得的积－这个数的两倍

$\Longrightarrow$ 所得的差÷这个数 $\Longrightarrow$ 说出结果，猜出你想的数

动动脑筋，你能找到其中包含的奥秘吗？

游戏3：

随意想出两个数，把两数相加，得出第三个数；再把第二个数与第三个数相加，得出第四个数；……这样依次进行计算，一直到得出第十个数为止，把这十个数按顺序写成一排，看一眼就能马上算出这十个数的和是多少，你信吗？

这个游戏又叫"神奇的速算——闪电加法"，你知道其中的奥秘吗？

## 【原理解析】

游戏1：任意一个数与打乱顺序后的另一个数的差是9的倍数。

游戏2：结果都是这个数的两倍减去2，用倒推法就可以得出这个数。

游戏3：十个数的和是第七个数的11倍。

## 【延伸阅读】

游戏3中的数列其实是斐波那契数列，斐波那契数列又称黄金分割数列，因数学家列昂纳多·斐波那契以兔子繁殖为例子而引入，故又称为"兔子数列"，指的是这样一个数列：1、1、2、3、5、8、13、21、34…

有趣的是，这样一个完全是自然数的数列，通项公式却是用无理数来表达的。而且当n趋向于无穷大时，前一项与后一项的比值越来越逼近黄金分割0.618（或者说后一项与前一项的比值小数部分越来越逼近0.618）。

1÷1=1，1÷2=0.5，2÷3=0.666，3÷5=0.6，5÷8=0.625，…55÷89=0.617 977…144÷233=0.618 025…46 368÷75 025=0.618 033 988 6…

越到后面，这些比值越接近黄金分割。

# ❷ 巧算24点

## 【背景知识】

"算24点"是一种常见的数学游戏,正如象棋、围棋一样,是一种同学们喜闻乐见的娱乐活动,它以自己独具的数学魅力和丰富的内涵正逐渐被越来越多的人所接受。这种游戏方式简单易学,能健脑益智,是一项极为有益的活动。

一副牌中抽去大小王后还剩下52张(如果初练也可只用1～10这40张牌),任意抽取4张牌(称为牌组),用加、减、乘、除(可加括号)使牌面上的数列成的公示最后得数为24。

## 【活动前准备】

1. 活动材料

扑克牌。

## 【活动步骤】

按下面图中所示组成牌组,然后进行24点游戏。

## 【原理解析】

计算24点的方法,主要有以下几种:

1. 利用 $3 \times 8 = 24$、$4 \times 6 = 24$ 求解

把牌面上的四个数想办法凑成3和8、4和6,再相乘求解。

如3、3、6、10可组成 $(10 - 6 \div 3) \times 3 = 24$ 等。

又如2、3、3、7可组成 $(7 + 3 - 2) \times 3 = 24$ 等。

实践证明,这种方法是利用率最大、命中率最高的一种方法。

2. 利用0、11的运算特性求解

如3、4、4、8可组成 $3 \times 8 + 4 - 4 = 24$ 等。

又如4、5、J、K可组成 $11 \times (5 - 4) + 13 = 24$ 等。

3. 最为广泛的是以下6种解法

(我们用a、b、c、d表示牌面上的四个数)

① $(a - b) \times (c + d)$    如 $(10 - 4) \times (2 + 2) = 24$

② $(a + b) \div c \times d$    如 $(10 + 2) \div 2 \times 4 = 24$

③ $(a - b \div c) \times d$    如 $(3 - 2 \div 2) \times 12 = 24$

④ $(a + b - c) \times d$    如 $(9 + 5 - 2) \times 2 = 24$

⑤ $a \times b + c - d$    如 $11 \times 3 + 1 - 10 = 24$

⑥ $(a - b) \times c + d$    如 $(4 - 1) \times 6 + 6 = 24$

## 【延伸阅读】

1,1,1,1;2,2,2,2;…9,9,9,9都可以列出算式算出24,可是要用到加减乘除四则运算以外的方法,同学们可以试试看。

# 3  火柴棒游戏

## 【背景知识】

火柴棒是一种十分简便的智力游戏工具,多年前,很为同学们的父辈,甚至

是祖辈们所钟爱。现在人们虽然很少使用火柴了,但火柴棒作为一种游戏工具,仍以其携带方便、操作简易、形式多变,对同学们的数学学习起着不可代替的重要作用。其实小小的火柴棒里所包含的数学学问可多着呢,它可以拼图形,也可以拼算式。

## 【活动前准备】

1. 活动材料

火柴棒。

## 【活动步骤】

**游戏1:**

在下面的算式中只移动一根火柴,使算式成立:

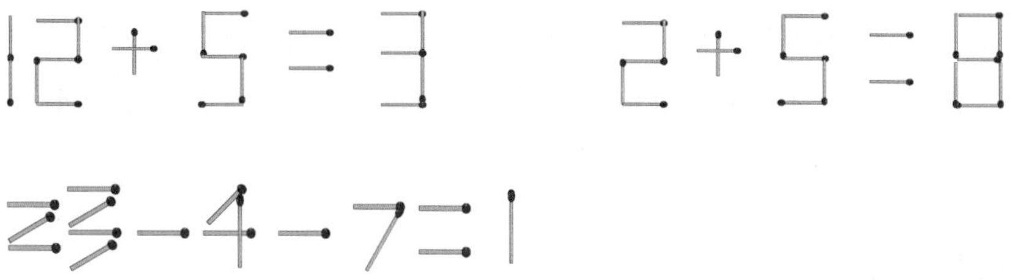

**游戏2:**

用10根火柴拼出了(如图)两只杯子,你能移最少的火柴,使杯子的开口都朝上吗?

**游戏3:**

水里有一条鱼,它正在往上游游去,请你移动最少的火柴棒,使它向下游游去。

## 【原理解析】

四则运算能力和图形的识别能力。

【延伸阅读】

移动两根火柴棒,使下图中两个四边形变成一个四边形。

# 4　速算大比拼

## 【背景知识】

速算是数学中的一种杂技,速算可能是一个学生的天赋,也可以经过后天的训练获得,一旦你具备了准确速算的本领,那么考试中的计算题就不会再难倒你。

## 【活动前准备】

1. 活动材料

剪刀,纸张,胶水。

2. 安全提示

在成年人的照看和帮助下使用剪刀,注意安全。

## 【活动步骤】

**1.** 根据下图所示,用剪刀将纸张裁剪成正方体骰子的平面图。

**2.** 在骰子的六个面上分别写上数字。

**3.** 用胶水将纸张粘贴起来,做成5个正方体骰子。

**4.** 同时把5个骰子随便扔出,计算骰子最上面5个数的和。

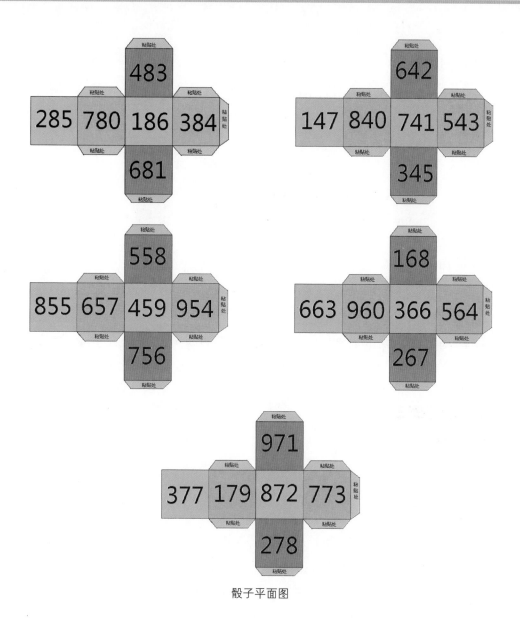

骰子平面图

## 【原理解析】

速算骰子的方法：

1. 计算5个数字的末位数之和,作为最后得数的末两位。

2. 用50减去刚刚求出的末位数字之和,差作为最后得数的前两位。

3. 把刚刚计算出的前两位数和后两位数合并,就是5个数之和。

## 【延伸阅读】

末位数字之和最小为 0+0+0+1+4=5,最大为 6+7+8+9+9=39,这就是说最小的和为 1 139,最大的和为 4 505,这中间的任何数都可以通过求和得到。

# 5 抢21游戏

## 【背景知识】

我们都知道田忌与齐威王赛马的故事,田忌运用自己的智慧,通过采用扬长避短的策略,最终取得了胜利。

生活中的许多事情都蕴含着数学道理,下棋、打牌、体育比赛、军事较量等,都有策略隐藏其中。学习策略游戏的基本常识,可以使自己获得更多的胜利果实。

## 【活动前准备】

1. 活动材料

棋子。

## 【活动步骤】

**游戏1**:取21枚棋子,两个人轮流拿,每次最少拿1枚,最多拿3枚,不能不拿,谁拿到最后一枚棋子谁就赢得比赛。

**游戏2**:同样取21枚棋子,两个人轮流拿,每次最少拿1枚,最多拿3枚,但是把规则稍微改变一下,谁拿到最后一枚棋子谁就输,如果你先拿,该怎么拿才能赢呢?

**游戏3**:还是21枚棋子,如果把规则改为每次最少拿1枚,最多拿2枚,谁拿到最后一枚棋子谁就赢,你如何做才能胜利呢?

**游戏4**:每次最少拿1枚,最多拿2枚,谁拿到第21枚棋子谁就输,你有必胜的策略吗?

## 【原理解析】

每次最少拿1枚,最多拿3枚,总能保证两人所拿棋子数之和为4;每次最少拿1枚,最多拿2枚,总能保证两人所拿棋子数之和为3。

必胜策略:

游戏1:21÷4=5…1,拿到最后一枚赢,要先拿,先拿余数1枚。

游戏2:21÷4=5…1,拿到最后一枚输,要后拿,保证两人之和为4。

游戏3:21÷3=7,没有余数,拿到最后一枚赢,要后拿,保证两人之和为3。

游戏4:21÷3=7,没有余数,拿到最后一枚输,要先拿2枚。

## 【延伸阅读】

抢21游戏,棋子总数可以改变,每次拿的棋子个数可以改变,判定输赢的方法也可以改变,那么你会自己设计一个游戏吗?试试看吧。

# 6 移位游戏

## 【背景知识】

据说在古印度,有一座印度教的神庙,这座庙有一块黄铜板,板上插着3根细细的、镶着宝石的细针,细针像菜叶般粗,像成人的手腕到肘关节一般长。当印度教的主神梵天在创造地球时,就在其中的一根针上从下向上一次码放半径从大到小的64片圆金片环,这就是有名的"梵塔"。

天神梵天要求这座庙里的僧侣把这些金片全部由一根针移到另外一根指定的针上,一次只能移一片,不管在什么情况下,金片环的大小次序不能变更,小金片环永远只能放在大金片环上面。

天神梵天还说只要有一天这64片金片环能从指定的针上完全转移到另外的针上,世界末日就来到,芸芸众生、神庙一切都将消灭,万物进入极乐世界。

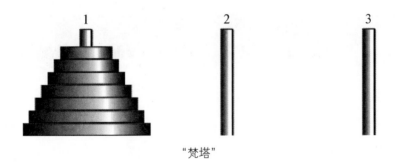

"梵塔"

## 【活动前准备】

### 1. 活动材料

棋子。

## 【活动步骤】

### 游戏1："隔子跳"

在桌子上一行摆10枚棋子,每次移动一枚棋子,这枚棋子必须跳过两枚棋子,与另一枚棋子相叠。试问,这10枚棋子应怎样移动才能跳成5叠,每叠两枚棋子? 请试试看,把你的方法用画图的形式表示出来吧。

### 游戏2："并蒂莲"

现有黑白棋子各5枚,在桌面上摆成一行,5枚黑棋子在左,5枚白棋子在右,后面有两个空位。现要求每次并列移动相邻的两枚棋子到空位上去。试问最少移动几次,才能使10枚棋子变成黑白相间的形式?

空位　　空位

### 游戏3："兵卒对调"

在一排9个格子里,左边放4个兵,右边放4个卒,中间一格空着。规定一枚棋子可以移动到相邻的空格中,或者越过一枚棋子,跳到该棋子另一侧的空格中。试问应当怎样移动棋子,才能使4个兵和4个卒的位置对调?

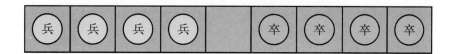

## 【延伸阅读】

我们可以再来想一下开始提到的"梵塔问题",先从移动3片、4片、5片圆环开始,从中寻找规律。

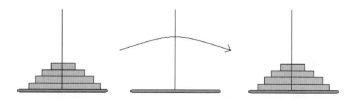

通过试验,可以发现,移动次数为$2^n - 1$,n为圆环的个数。

梵塔问题中的金片环数为64片,移动的次数为$2^{64} - 1$,经过计算机的运算,$2^{64} - 1 = 18\ 446\ 744\ 073\ 709\ 551\ 615$。

假设每一秒钟移动1片金片环,一年共有31 536 000秒,完成64片金片环的时间为$18\ 446\ 744\ 073\ 709\ 551\ 615 \div 31\ 536\ 000 \approx 5\ 849$亿年,到那时,或许真的就是世界末日了。

# 7 莫比乌斯环

## 【背景知识】

在数学领域流传着这样一个故事:有人曾提出,先用一张长方形的纸条,首尾相连,做成一个纸环,然后只允许用一种颜色,在纸环上的一面涂抹,最后要把整个纸环全部抹成一种颜色,不留下任何空白。这个纸环应该怎样粘贴?如果是纸条的首尾相连做成的纸环有两个面,势必要涂完一个面再重新涂另一个面,不符合涂抹的要求,能不能做成只有

莫比乌斯环

一个面、一条封闭曲线做边界的纸环呢？这就是下面要介绍的莫比乌斯环。

## 【活动前准备】

1. 活动材料

纸条、剪刀。

2. 安全提示

在成年人的照看和帮助下使用剪刀,注意安全。

## 【活动步骤】

1. 把长方形纸条一端旋转180度,首尾粘贴,得到莫比乌斯环。
2. 在莫比乌斯环中间画一条线,认识莫比乌斯环的单面性。

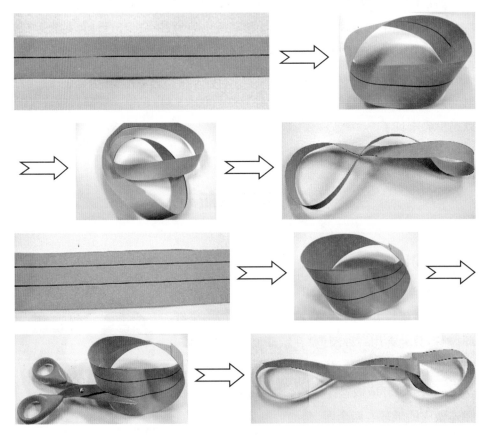

制作莫比乌斯环

3. 将莫比乌斯环从中间剪开。

4. 再制作一个莫比乌斯环,在上画两条线,然后沿线剪开。

## 【活动结果】

1. 在莫比乌斯环中间画一条线,会从里面画到外面,这是莫比乌斯环的单面性。

2. 把莫比乌斯环从中间剪开,可以得到一个更大的纸环。

3. 在莫比乌斯环上画两条线,沿线剪开,可以得到两个套在一起的环,一个大环,一个小环。

## 【延伸阅读】

### 莫比乌斯环的实际运用

1979年,美国著名轮胎公司百路驰创造性地把传送带制成莫比乌斯环形状,这样一来,整条传送带环面各处均匀地承受磨损,避免了普通传送带单面受损的情况,使得其寿命延长了一倍。

针式打印机靠打印针击打色带在纸上留下一个个的墨点,从而完成打印。为充分利用色带的全部表面,色带也常被设计成莫比乌斯环。

在美国匹兹堡著名肯尼森林游乐园里,有一部"加强版"的云霄飞车——它的轨道是一个莫比乌斯环,乘客可以在轨道的两面飞驰。

莫比乌斯环循环往复的几何特征,蕴含着永恒、无限的意义,因此常被用于

商标

回收标志

各类标志设计中。微处理器厂商 Power Architecture 的商标就是一条莫比乌斯环,甚至垃圾回收标志也是由莫比乌斯环变化而来。

# 8　魔幻七巧板

## 【背景知识】

"七巧"这个词最早可以追溯到周朝。传统七巧板起源于宋代的"燕几图","燕"与"宴"相通,"燕几"就是"宴席用的桌几",由7张不同形状的桌面组成,可以根据宾客多少,任意拼排成不同大小的桌面,这就是传统七巧板的雏形,为后来的拼图玩具开了先河。

传统七巧板应用"勾股之形、三角相错"的古代数学原理设计而成。主要分3种流派,依次为"方式七巧板""燕式七巧板""蝶式七巧板"。后人认为第三种

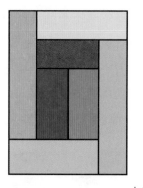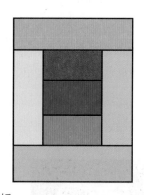

七巧板

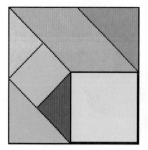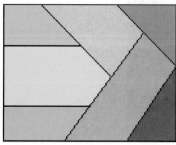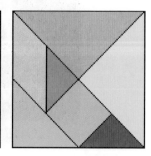

方式七巧板　　　　　　燕式七巧板　　　　　　蝶式七巧板

设计更为合理,变化最多,深受世界各国人们的喜爱。据说美国前总统卡特以及比尔·盖茨都是七巧板的狂热爱好者。

## 【活动前准备】

### 1. 活动材料

卡纸,直尺,铅笔,剪刀。

### 2. 安全提示

在成年人的照看和帮助下使用剪刀,注意安全。

## 【活动步骤】

1. 在卡纸上用直尺、铅笔画出蝶式图形,沿线用剪刀剪开,得到蝶式七块板

2. 观察蝶式七块板,从形状上可以分为三角形和四边形。三角形共有5块,形状上都是等腰直角三角形,有2块最大,1块中等大小,2块最小;四边形有2块,分别是正方形和平行四边形。

3. 试一试将七巧板拼出几何图形、人物、动物、数字、字母、汉字、交通工具、日常用品等形状。

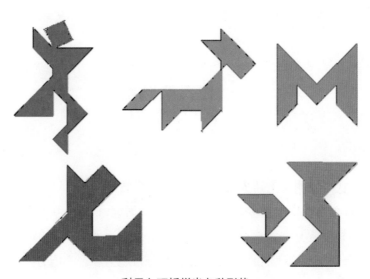

利用七巧板拼出各种形状

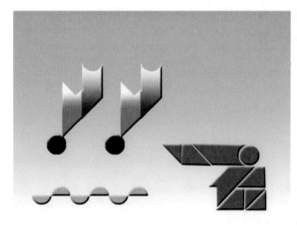

双人跳水                                            群鱼嬉水

## 【原理解析】

在拼图中起决定作用的是 2 块大的直角三角形板,要先确定这 2 块的位置。

## 【延伸阅读】

传统七巧板中三角形太多,有 5 块,缺少完美图形——圆,所以后来人们又发明了现代七巧板,有兴趣的同学可以了解一下。

# 9　智力四巧板

## 【背景知识】

我国古代人发明了七巧板之后,人们就不断尝试可不可以把拼板的数量减少,但是同样也可以拼出很多图形。经过多年的研究,日本人在七巧板的基础上发明了四巧板。它是一种简化的七巧板,因为块数减少,拼图的难度也随之增加,所以更有利于锻炼我们的空间想象能力、分析能力和观察能力。

## 【活动前准备】

1. 活动材料

卡纸,直尺,铅笔,剪刀。

2. 安全提示

在成年人的照看和帮助下使用剪刀,注意安全。

## 【活动步骤】

**1.** 用铅笔在卡纸上绘制下图的图形,沿线用剪刀剪开,得到四巧板。

四巧板

**2.** 观察四巧板,从形状上可以分为三角形、四边形和五边形。三角形只有1块,是等腰直角三角形;四边形有2块,都是直角梯形,一块大的,一块小的;五边形只有1块,是不规则图形,但是包含一个直角。

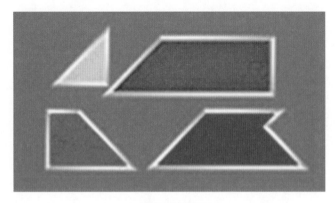

观察四巧板

**3.** 试一试用四巧板拼出不同的形状。

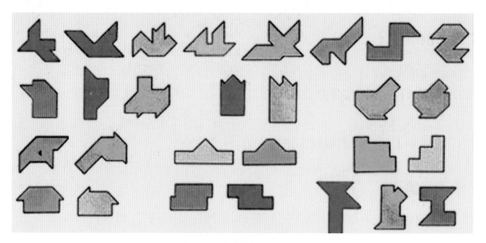

利用四巧板拼出各种形状

【原理解析】

在拼图中起决定作用的是最大的五边形板,要先确定这块板的位置。

【延伸阅读】

现代七巧板与四巧板图形很类似,只是再加上一个整圆和两个半圆,有兴趣的同学可以了解一下。

六

蔡雯曦

# 神奇的水环境

## ▌ 平凡而又"奇特"的水

### 【背景知识】

可以说,人是被水创造的,人体内的水占人体重的60%～90%。水,在自然界中,无处不在。水是由许许多多的水分子组成的,水表面的水分子紧紧地靠拢在一起,有一种相互吸引的力,这种力就是水的表面张力。清晨凝聚在叶片上的水滴、水龙头缓缓垂下的水滴,都是在表面张力的作用下形成的。你见过水的表面张力吗? 我们通过实验来验证吧。

### 【实验前准备】

1. 实验材料

一角硬币,胶头滴管,烧杯,清水,肥皂水。

2. 安全提示

实验过程中注意不要将肥皂水接触眼、口、鼻等部位。

### 【实验步骤】

1. 取一枚一角硬币,平放在桌面上,使用滴管在硬币上滴清水。
2. 滴管底端离硬币近一些,慢慢滴在硬币中间。
3. 数一数一枚硬币总共能容纳多少滴水。
4. 在另一枚硬币上滴肥皂水,数一数一枚硬币总共能容纳多少滴肥皂水。
5. 观察清水和肥皂水滴在硬币上的形态有何不同。

## 【实验现象】

1. 通过在硬币上分别滴清水和肥皂水，可以发现一枚硬笔上可以滴的肥皂水数量远远少于清水。

2. 滴管吸取清水滴到硬币上，硬币上的水滴越来越高，当水没有流下来前，水面是鼓鼓的，呈弧形，远远高出硬币的边缘。而滴肥皂水时，肥皂水面是平平的，没有出现"水面鼓起来"的现象。

## 【延伸阅读】

水的表面张力在生活中很常见，比如：滴在玻璃上的水滴是圆形的，这是由于表面张力把水滴拉圆了；往水杯里加水时，如果足够慢的话，可以让水面高于水杯，但不溢出，这也是由于水的表面张力把超出水杯的那部分水拉回杯子里的缘故；大自然中有一种叫"水黾"的昆虫，可以依靠水的表面张力在水上行走自如。在本实验中，正是依靠水的表面张力把水牢牢的"黏"在硬币上，即便水面形成弧形的凸起仍然不会轻易溢出。

# 2  地球是个大"水球"

## 【背景知识】

从太空中看地球是一个蔚蓝色的星球。地球的表面有71%的面积被水覆盖，但地球上的水有97.5%是咸水，其中96.53%是海洋水，0.94%是湖泊咸水和地下咸水。这些水又咸又苦，既不能饮用，又不能灌溉，也很难在工业中应用。可以直接被人们生产和生活利用的淡水仅占地球全部水源的2.5%。而在淡水中，将近70%冻结在南极和格陵兰的冰盖中，其余的大部分是土壤中的水分或是深层地下水，难以供人类开采使用。江河、湖泊、水库及浅层地下水等来源的水较易于开采供人类直接使用，但其数量不足全世界淡水的1%，约占地球上全部水资源的0.007%。

庞大和渺小的数据,可能不足以让你有直观的认识。那么就通过下面的实验,来看一看世界上的咸水和淡水的比例吧。

## 【实验前准备】

### 1. 实验材料

1 000毫升量杯、100毫升量筒、滴管、塑料杯、清水、标签纸。

## 【实验步骤】

**1.** 用量杯量取1 000毫升水,以此代表"地球上的水总量"。

**2.** 用量筒量取30毫升水,以此代表"地球上的淡水"。

**3.** 将盛有970毫升水的量杯,将写有"海洋和咸水湖的水"标签纸贴在量杯上。

**4.** 从"地球上的淡水"量筒中取出20毫升水,倒入塑料杯中,将写有"冰川和深层地下水"的标签纸贴在塑料杯上。

**5.** 剩余10毫升水倒入另一个塑料杯中,将写有"可供人类使用的水"的标签纸贴在塑料杯上。

## 【实验现象】

如果假设1 000毫升的水就是世界上水的总量(即总水量),海洋和咸水湖中的咸水为970毫升,占总水量的97%;淡水为30毫升,占总水量的3%。而在30毫升的淡水中,有20毫升的淡水来自于冰川和深层地下水(占总水量的2%),是目前人类无法开采或开采成本过高的水源。在30毫升的淡水中,仅有10毫升淡水可供人类使用,仅占总水量1%。从这个实验可以看出,可供人类使用的淡水资源是非常有限的。

## 【延伸阅读】

为满足人们日常生活、商业和农业对水资源的需求,联合国长期以来致力于解决因水资源需求上升而引起的全球性水危机。1977年召开的"联合国水事会议",向全世界发出严重警告:水资源在不久的将来会成为一个深刻的社会危机,石油危机之后的下一个危机便是水危机。1993年1月18日,第四十七届联合国大会做出决议,确定每年的3月22日为"世界水日"。

人类可利用的淡水资源相当有限,更令人担忧的是,这数量极其有限的淡水,正越来越多地受到污染。人类的活动会使大量的工业、农业和生活废弃物排入水中,使水受到污染。2013年,全世界每年约有4 200多亿立方米的污水排入江河湖海,污染了5.5万亿立方米的淡水,这相当于全球径流总量的14%以上。并且这一数量还在增加、扩展和累积。

# 3　千变万化的水

## 【背景知识】

自然界中的水,有三种形态,分别是固态、液态和气态。地球表面各种形式的水体是不断地相互转化的,水以气态、液态和固态的形式在陆地、海洋和大气间不断循环的过程就是水循环。

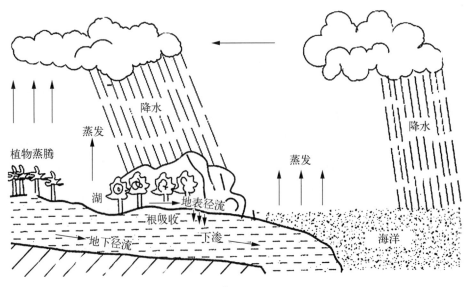

水循环

海水受热蒸发,变成水蒸气进入到空气中。空气被太阳照射,温度升高,变得较轻,因而上升。热空气上升至一定高度时冷却成小水珠,小水珠聚集在一起,便形成云。当云里的小水珠遇冷汇聚成更大和更重的水珠时,便会掉下来,这就是雨。雨水流入江河,再流入海洋。这一过程就是自然界中的水循环。让我们通过下面的实验来模拟水循环吧。

【实验前准备】

1. 实验材料

量筒,热水,塑料盒,红墨水,冰块,烧杯,保鲜膜,透明胶带,记号笔,剪刀。

2. 安全提示

实验过程需使用剪刀,使用时须注意安全。

【实验步骤】

**1.** 用量筒盛取300毫升热水倒入塑料盒中。

**2.** 在塑料盒中的热水内滴入几滴红墨水,使水变成红色,便于观察。

**3.** 将烧杯放在塑料盒中间。

**4.** 用保鲜膜盖住塑料盒,用透明胶带密封,尽可能地将包裹严实,防止漏气。因塑料盒里盛满了水,包裹保鲜膜的同时需注意盒中的水不要打翻。

**5.** 拿几块冰块放在保鲜膜上,冰块的位置要正好位于烧杯的正上方。

【实验现象】

当冰块放置在保鲜膜上方一段时间后,保鲜膜内出现了小水珠,它是因塑料盒中水蒸气遇冷转化过来的。当保鲜膜上方的小水珠越积越多后,就会滴落下来至下方的烧杯中。因而过一段时间后,塑料盒里的烧杯中出现了少量的小水珠。注意观察小烧杯中水珠的颜色与塑料盒中水的颜色不同,烧杯里的水不是红色的,而是无色透明的。

【延伸阅读】

人类的用水量越来越大,而往往忽视了对水资源的保护。人们对自然水循环的干预,常常会破坏水源原有的路线和发展进程,加之人类对地表水资源、地下水资源的过度开发与利用,导致水资源逐渐成为稀缺资源。同时,城市化、工业化的不断扩张,排放污水、废水与日俱增,产生一系列违背自然水循环规律的水资源问题,最终影响自然界中的水质。比如,如果工厂的烟囱里排出了有毒的气体,有毒的气体混入空气中,空气因太阳照射而遇热上升,热空气上升到高空又冷却变成水珠,有毒气体逐步进入大自然水循环中,污染水环境。又比如,工业区向下水道中直接倾倒垃圾和废水,也会影响自然界中的水质。

# 4 水的"健康体检"

## 【背景知识】

人类在生产生活中都离不开水,河流水质的优劣与人类日常活动与健康密切相关。水质监测专家定期会对河流水质进行监测。水质监测,主要是测量河流中污染物的种类、浓度和变化趋势。

一般而言,监测的项目指标分为两大类:一类是反映水质状况的综合指标,如温度、色度、浊度、pH值、电导率、悬浮物、溶解氧、化学需氧量和生化需氧量等;另一类是一些有毒物质,如酚、氰、砷、铅、铬、镉、汞和有机农药等。

借助精密实验仪器,监测部门的专家们可以对河流水质展开测量。在实验室里的我们,也可以对河流水质来一次"健康体检"。通过看颜色、闻气味、测量溶解氧以及酸碱性的观察法和测量法,让我们来对河流水质进行一次"健康体检"吧。

## 【实验前准备】

1. 实验材料

采水瓶,河水,自来水,烧杯,标签纸,白纸,溶解氧检测盒,pH试纸,滴管。

2. 安全提示

取河水的过程要在成年人的帮助下进行,注意安全。

## 【实验步骤】

**1.** 在家长或老师的陪同和帮助下,到附近的河流中取一定量的河水,倒入采水瓶中。

**2.** 回到实验室,将河水从采水瓶中倒入至烧杯中。

**3.** 取与河水相同量的自来水,放入烧杯中。将分别写有"河水"和"自来水"的标签纸分别贴在盛放河水和自来水的烧杯上。

**4.** 使用扇闻法(扇闻法,是指鼻子靠近烧杯的上方,然后用手轻轻地往自己的鼻子方向扇风,再闻气体的味道),分别闻河水和自来水的气味。

**5.** 因烧杯静置了一段时间,水中物质可能在杯底沉淀,稍微摇晃烧杯,观察河水和自来水的颜色。将烧杯放置于白纸上进行对照,利于准确观察颜色。

**6.** 使用溶解氧检测盒中的小试管2次,再倒入两种水至刻度线处。加入溶解氧溶液Ⅰ和溶解氧溶液Ⅱ各4滴,摇匀后封口静置3分钟,加入溶解氧溶液Ⅲ6滴,1分钟后与比色卡对比,记录两种水的溶解氧测试结果。

**7.** 将滴管取实验水后,滴1滴于pH试纸上,与比色卡对照,记录两种水的酸碱性测试结果。

## 【实验现象】

为河水和自来水分别做了简易的水质测量,将水质状况记录到下表中。

水质状况记录表

| 水 质 指 标 | 自 来 水 | 河 水 |
|---|---|---|
| 气味(无味/有水腥味) | 无味 | 有水腥味 |
| 颜色(透明/半透明/浑浊) | 透明 | 半透明 |
| 溶解氧 | 1 | >9 |
| 酸碱度 | 7 | 7 |

通过实验可以发现,自来水的颜色为无色透明的,溶解氧指标较高。从气味、颜色、溶解氧、酸碱性来综合分析,自来水的水质比河水的水质好。

## 【延伸阅读】

评价水环境质量,可以采用地面水环境质量标准来加以判断。根据地表水环境质量标准,可将水环境质量由高到低依次划分为以下五类:

Ⅰ类:主要适用于源头水、国家自然保护区;

Ⅱ类:主要适用于集中式生活饮用水地表水源地一级保护区、珍稀水生生物栖息地、鱼虾类产卵场、仔稚幼鱼的索饵场等;

Ⅲ类:主要适用于集中式生活饮用水地表水源地二级保护区、鱼虾类越冬场、洄游通道、水产养殖区等渔业水域及游泳区;

Ⅳ类:主要适用于一般工业用水区及人体非直接接触的娱乐用水区;

Ⅴ类:主要适用于农业用水区及一般景观要求水域。

# 5　水变清了吗?

## 【背景知识】

污染物投入水体后,使水环境受到污染。但河流本身有一定的净化污水的能力,使污水中污染物的浓度得以降低。污水排入河流后,经过一段时间,在水中微生物的作用下污染物分解,从而使河流中的脏水变干净了,这一过程称为水体的自净过程。可是光依靠水的自净,往往得到的水还是不太干净,那么这就需要人为来进一步净化水资源了。

明矾,也叫十二水合硫酸铝钾,是一种较好的净水剂,可以使杂质沉淀下来。把明矾倒入含有杂质的水中,明矾会在水中产生胶体,胶体具有吸附性,能吸附水中杂质,并形成沉淀,使水变得澄清。一起来看看明矾净水的效果怎么样吧。

## 【实验前准备】

1. 实验材料

烧杯,河水,泥浆水,标签纸,明矾,玻璃棒,白纸。

2. 安全提示

实验过程需用到玻璃棒和烧杯等玻璃仪器,实验操作过程中注意安全。

## 【实验步骤】

**1.** 取4个烧杯,将河水放置在两个烧杯中,分别贴上写有 "A" "B" 的标签纸;泥浆水放置在另两个烧杯中,分别贴上写有 "C" "D" 的标签纸。

**2.** 在烧杯A和烧杯C中,加入明矾。

**3.** 使用玻璃棒搅拌加入明矾的水样。搅拌时不要太用力,以免玻璃棒或烧杯的破裂。以一个方向(顺时针、逆时针都可以)进行搅拌。

**4.** 将4份水样放置一段时间后,比较4份水样在烧杯中上层部分的清澈程度。注意:在观察水样的颜色时,最好将烧杯放置于白纸上进行对照,这样观察到的颜色较为准确。

## 【实验现象】

经过不同的处理后得到的4种水样,它们的清澈程度各不相同,请根据实验结果填写下表。

实验结果记录表

| 水样的清澈程度(用1~5表示,1为最清澈) | 未加入明矾的河水 | 加入明矾的河水 | 未加入明矾的泥浆水 | 加入明矾的泥浆水 |
|---|---|---|---|---|
| 实验前 | | | | |
| 放置一段时间后 | | | | |

因泥浆水中含有较多的泥土、沙尘等杂质,所以总体来说,河水比泥浆水清澈。加入明矾和未加入明矾的水样的清澈程度也不同。加入明矾的河水或泥浆水,相对更澄清。而且,加入明矾的河水或泥浆水,杂质沉淀的速度更快,你发现了吗? 这是因为明矾可以加快固体沉淀的速度。

## 【延伸阅读】

使用明矾净化水的过程中,当明矾溶于水后,形成的胶状物能够吸附水中的不溶性杂质,使其体积与质量变大,从而加快了沉降的速度,我们就把这样的沉淀称为吸附沉淀。

# 6 水的过滤

## 【背景知识】

每当我们打开水龙头,看到的是清澈的水。而河流里的水,往往是浑浊的。大家知道自来水厂是用什么方法把水变干净的吗? 过滤是自来水厂净化水的方法之一。那什么是过滤呢? 过滤是指把溶于液体中的固体跟液体分离的方法。滤纸是常见的过滤材料。过滤时,液体穿过滤纸上的小孔,而固体就留在了滤纸上。与明矾净水的效果不同,使用较小孔隙的滤纸进行过滤,则可以除去颗粒更为细小的水中杂质。

在过滤的过程中,要做到"一贴、二低、三靠"。

一贴:滤纸紧贴漏斗内壁,不会残留气泡。这是防止气泡减慢过滤速度。

二低:1. 滤纸边缘略低于漏斗边缘。2. 液面低于滤纸边缘,主要是为了防止液体过滤不净。

三靠:1. 倾倒时烧杯杯口要紧靠玻璃棒上。2. 玻璃棒下端抵靠在三层滤纸处。3. 漏斗下端长的那侧管口紧靠烧杯内壁。

除了滤纸之外,还有许多过滤材料,像纱布、棉花,甚至沙子,这类存在孔隙的颗粒物,都可以作为过滤材料。究竟哪种过滤材料的过滤效果较为理想呢? 我们通过实验来研究一下吧。

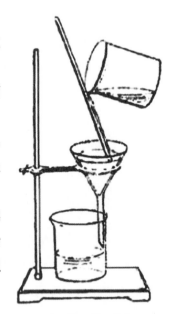

"一贴二滴三靠"

## 【实验前准备】

1. 实验材料

漏斗,铁架台,石英砂,滤纸,细沙,烧杯,泥浆水,红墨水,白醋,pH试纸。

2. 安全提示

实验过程需用到玻璃棒和烧杯等玻璃仪器,实验操作过程中注意安全。

## 【实验步骤】

**1.** 将3个漏斗分别放置于铁架台上。

**2.** 将3种过滤材料(石英砂、滤纸、细沙)分别放入3个漏斗中,在每个漏斗的下方,放置烧杯。使用漏斗时注意 "一贴、二低、三靠"。

**3.** 将泥浆水分别倒入3个漏斗中,观察过滤效果。

**4.** 更换使用过的过滤材料,重复第2步。

**5.** 将红墨水倒入漏斗中,观察过滤效果。

**6.** 更换使用过的过滤材料,重复第2步。

**7.** 将白醋倒入漏斗中。

**8.** 使用pH试纸,测量过滤前后白醋的酸碱性,记录实验结果。

## 【实验现象】

过滤前后的3种液体(泥浆水、红墨水、白醋)的颜色、气味、透明度发生了变化。使用石英砂、滤纸、细沙分别过滤泥浆水后,就泥浆水的颜色、气味、透明度而言,过滤效果最好的是滤纸,其次是细沙,最后是石英砂。当使用以上3种过滤材料过滤红墨水和白醋时,也得到了类似的结论。

## 【延伸阅读】

为保障市民喝上清洁的自来水,自来水厂的净化水过程更为全面和细致,需经过诸多步骤才能得到清澈而又洁净的自来水。从水源地里的原水到出厂水,自来水厂经过混凝、沉淀、过滤、消毒等工艺流程,去除原水中病毒、细菌、悬浮颗粒物等有害物质,确定符合国家饮用水卫生标准后,才能供生活饮用和生产使用。原水在通过了混凝、沉淀、过滤工艺后,水的浊度将大大降低。过滤后的水将通过管道流入清水池。清水池则是自来水厂"成品水"的存放点。流入清水池前还要进行消毒。消毒的方法是在水中投入液氯,用以杀灭水中的细菌、致病微生物等。最终,消毒后的水将被输送至送水泵房,经过水泵加压,输送到千家万户。而且为确保水质安全,后期的水质检测也是不可或缺的一步。按照《国家饮用水卫生标准》,专业监测人员对水质进行日检、月检和季度检测,时刻确保水质达标,保障居民喝上健康、放心的自来水。

# 7  今天是大雨还是小雨呢?

## 【背景知识】

窗外下起了绵绵细雨,我们怎么判断降雨量的大小呢?通过肉眼就可以简单判断了。比如,观察雨滴的大小、稀疏和下雨的时长,或者也可以看看地面上水坑积水的深浅、放在室外容器中的积水量。可是怎样能准确判断呢?当然是利用雨量器。雨量器是气象台、水文站等部门测量降雨的工具。

常见的雨量器外壳是金属圆筒,分上下两节,上节是一个口径为20厘米的盛水漏斗,为防止雨水溅湿,保持容器口面积和形状,筒口用坚硬铜质做成内直外斜的刀刃状;下节筒内放一个储水瓶用来收集雨水。测量时,将雨水倒入特制的雨量杯内读出降水量毫米数。我们也可以利用身边的材料和工具制作简易的雨量器,一起来动动手吧。

## 【实验前准备】

1. 实验材料

600毫升塑料瓶,剪刀,刻度尺,白色纸,彩色笔,透明胶带。

2. 安全提示

在成年人的帮助下使用剪刀,注意安全。

## 【实验步骤】

**1.** 准备一个600毫升塑料瓶作为雨量器的主体,注意选用的塑料瓶瓶身需为直筒型,若是曲面的瓶身,将影响测量的准确性。

**2.** 用剪刀将塑料瓶一分为二,作为雨量器的漏斗与储水筒。注意,须保证漏斗与储水筒的半径相同。

**3.** 用刻度尺在白色纸条上标注好刻度,刻度的单位为毫米。

**4.** 把纸条竖直贴在瓶子外壁,注意纸条的零刻度线与瓶底相平。

**5.** 将漏斗倒扣在储水筒上,雨量器完成。

## 【实验现象】

降雨一定时间后,观察雨量器内雨水的深度。室外使用雨量器测量降雨量时要注意:

1. 雨量器应安置在相对开阔、不受障碍物影响的地方,并保持水平。

2. 应准确记录降水开始和结束的时间。

3. 降水结束后,应及时读出并记录降雨量。

## 【延伸阅读】

暴雨来临之前,气象部门会向社会发布预警信号,按照由弱到强的顺序,暴雨预警信号分为四级,分别以蓝色、黄色、橙色、红色表示。

暴雨预警信号标识(蓝、黄、橙、红)

暴雨蓝色预警:12小时内降雨量将达50毫米以上,或者已达50毫米以上且降雨可能持续。

暴雨黄色预警:6小时内降雨量将达50毫米以上,或者已达50毫米以上且降雨可能持续。

暴雨橙色预警:3小时内降雨量将达50毫米以上,或者已达50毫米以上且降雨可能持续。

暴雨红色预警:3小时内降雨量将达100毫米以上,或者已达100毫米以上且降雨可能持续。

暴雨来临时,最好待在屋里,远离窗户;在室外不要在大树底下避雨,不要拿着金属物品及接打手机,以防雷击。尽量避免车辆在积水中行驶。当出现橙色和红色暴雨预警时,暴雨可能已经或即将导致江河湖泊水位上涨、地面交通中断、输电线路中断等灾害,应立即寻找安全建筑躲避,等待降雨停止。

# 8  可怕的酸雨

## 【背景知识】

20世纪50年代初,瑞典和挪威渔业大幅减产,原因不明。直到1959年挪威科学家才揭示渔业减产的元凶是酸雨。究竟什么是酸雨?酸雨是怎样形成的呢?

酸雨是指pH值小于5.6的雨、雪或其他形式的降水。雨、雪等在形成和降落过程中,吸收并溶解了空气中的二氧化硫、氮氧化合物等物质,形成了pH值低于5.6的酸性降水。

酸雨的形成原因,主要是人为地向大气中排放大量酸性物质所造成的。此外,各种机动车排放的尾气也是形成酸雨的重要原因。我国一些地区已经成为酸雨多发区,酸雨污染的范围和程度已经引起人们的密切关注。酸雨是一种环境污染,它对植物会产生危害,会直接引起植物的枯萎和死亡。具体表现为:

1. 直接影响。经过许多的实验表明:只要水的pH值在3以下,松树、水稻等许多植物的叶子表面会出现坏死的斑点。叶子表面的毛孔和气孔受到损伤,其光合作用和分泌作用就会受到损伤。植物会逐渐变得衰弱,直至死亡。

2. 间接原因。酸雨会使土壤变质、土质恶化,树木就会营养不足,树的长势减弱,生长停止。

酸雨对绿豆的生长会产生怎样的影响?通过以下实验,来亲身体验一下。

## 【实验前准备】

1. 实验材料

塑料盒,纱布,绿豆,水,白醋,自来水。

## 2. 安全提示

实验过程中需用到白醋,白醋具有一定的酸性,不要触及眼睛、口、鼻等部位。

## 【实验步骤】

**1.** 准备大小相同的两个塑料盒。

**2.** 在塑料盒底部用纱布覆盖。

**3.** 把绿豆放在塑料盒里,每个塑料盒中放10粒。

**4.** 在塑料盒中加入自来水,浸泡绿豆,浸泡时间为1天。

**5.** 浸泡后的第一天,在一个塑料盒中加一定量的自来水,记为实验组A;另一个塑料盒中加等量的白醋,记为实验组B。加入水或白醋的深度,大约与绿豆的高度平齐即可。

**6.** 每天重复步骤5,直至第7天。

**7.** 每天观察绿豆的发芽数、生长情况,计算发芽率。

**8.** 注意:实验组A、B都须在同一环境下(即在同一时间、放在相同的房间)培养与种植。

## 【实验结果】

在白醋对绿豆(模仿酸雨对植物)的影响实验中,用自来水、白醋作浇灌用水,绿豆的生长情况截然不同,实验结果如下表:

**实验结果记录表**         环境温度:15℃

| | 自 来 水 | | | | | | | 白 醋 | | | | | | |
|---|---|---|---|---|---|---|---|---|---|---|---|---|---|---|
| 培育天数 | 1 | 2 | 3 | 4 | 5 | 6 | 7 | 1 | 2 | 3 | 4 | 5 | 6 | 7 |
| 绿豆发芽数量 | 0 | 0 | 1 | 6 | 10 | 10 | 10 | 0 | 0 | 0 | 0 | 0 | 0 | 0 |
| 绿豆发芽率 | 0% | 0% | 10% | 60% | 100% | 100% | 100% | 0% | 0% | 0% | 0% | 0% | 0% | 0% |

## 【延伸阅读】

酸雨不仅对植物的生长会产生影响,而且还会对人与环境带来危害。酸雨的危害主要分为3类:

1. 酸雨危害土壤和植物。酸雨会导致土壤贫瘠化,影响植物正常发育。

2. 酸雨危害人类的健康。酸雨会引起哮喘、干咳、头痛,以及眼睛、鼻子、喉咙的过敏症状。

3. 酸雨会腐蚀建筑物、机械和市政设施。酸雨将导致建筑物的强度降低,从而损坏建筑物,造成建筑物的使用寿命下降,影响城市市容和景观,同时可能引发安全产生危险。

七

王 海

# 无字天书

## ▎ 用面汤书写的密信

【背景知识】

在中国古代,朝代更替,战事纷争,情报传递的工作有时就是决定一场战争成败的关键。无论是阴符、阴书,还是字验、反切码,都是可以轻易被人看到的,很容易暴露。为此,古人发明了"密写术"。密写术就是借助特殊的墨水,达到纸上有字而无形的目的。据史料记载,早在一千多年前,中国就已经有用面汤、米汤书写密信的记载。现在,让我们重现一下这个古老的实验吧!

【实验前准备】

1. 实验材料

面汤(米汤),碘酒(医用),毛笔,A4纸,一次性杯子。

2. 安全提示

碘酒(医用)具有刺激性且染色性强,使用时须注意避免接触皮肤和衣服。

【实验步骤】

**1.** 取少量熬煮后的面汤或者较稀薄的米汤盛放在一次性杯子里。

**2.** 用毛笔蘸取面汤(米汤)后在A4纸上写字或画画,然后晾干。

**3.** 取少量碘酒放置在一次性杯子里,加等量水调和。

**4.** 用另一支干净毛笔蘸取稀释后的碘酒在已晾干的纸上涂抹,观察纸上的变化。

## 【原理解析】

1. 纸张上会出现蓝色或者蓝紫色的字迹。淀粉遇到碘变蓝是一种常见的化学现象,在很多领域都被作为鉴定指标使用。但是,不是每一种淀粉遇到碘都显示蓝色。常见的现象主要有直链淀粉遇碘呈蓝色,支链淀粉遇碘呈紫红色,糊精遇碘呈蓝紫、紫、橙等颜色。面汤或者米汤的浓度不同,作品的实践效果是不一样的,相对来说,面汤中的直链淀粉含量较高,蓝色更明显一些,米汤中支链淀粉含量较高,蓝色字迹中可能带一些紫色。面汤或米汤如果浓度较高,熬煮的时间较长,或者温度较高,也可能出现棕色。

2. 医用碘酒颜色较深,需要加水稀释,否则会影响面汤的显色效果。

3. 如有使用过的小喷瓶,可以在其中加入稀释后的碘酒,用喷洒的方式代替毛笔涂抹,效果更好。使用过程中要注意喷口不要对着人。

## 【拓展思考】

不同种类的面或米熬制出来的汤对实验的效果有何影响?不同浓度的碘酒对最后呈现出的字迹颜色有何影响?不同温度(包括面汤和碘酒的温度)对显色效果有何影响?

# 2 空白的遗书

## 【背景知识】

2015年,一桩奇怪的遗产官司轰动了全国的司法界。起诉人提供了一张空白的纸,声称是逝者留下的遗书,用特殊的墨水书写的,这让法官们犯了难。研究人员经过反复探索,终于确定了这份遗书原来是用明矾水书写的,成功地解读了遗书上的文字并顺利结案。原来,逝者生前使用了一种中国古老的密信书写方法,用透明的明矾水书写在纸张上,需要时将纸张浸泡在水中就可以让字迹显现。让我们一起来试试这个实验的效果吧。

## 【实验前准备】

1. 实验材料

明矾,一次性杯子,毛笔,A4纸,电吹风,小盆,水。

2. 安全提示

使用电吹风时,要注意用电安全;由于加热时间较长,使用电吹风后,须注意不要用手碰触电吹风的出风口,避免烫伤。

## 【实验步骤】

**1.** 取部分明矾放置在一次性杯子中。

**2.** 加少量水溶解,制成无色透明的溶液。

**3.** 用毛笔蘸取少量明矾水,在A4纸上写字或绘图。

**4.** 用电吹风吹干A4纸,得到一张看不出字迹的白纸。

**5.** 取一小盆,加入约1厘米深的水。

**6.** 将白纸在水中浸泡后快速取出,观察纸张上的变化。

## 【原理解析】

1. 纸面上会出现透明的字迹。明矾的学名为十二水合硫酸铝钾,是一个带有十二个结晶水的无机物,常温下是无色晶体,溶解在水中会形成硫酸铝和硫酸钾的溶液并部分水解成氢氧化铝。用低浓度的明矾水进行书写晾干后,纸面上留下的物质处于结晶水不完全状态,遇到水后会先吸水,从而在纸面上形成透明的痕迹。形成完整结晶水状态后,明矾又会逐渐溶解,所以纸面上的字迹形成时间会比较短。

2. 使用铝试剂可以对纸张进行显色并定型。

3. 明矾溶于水会形成絮状沉淀,浓度越高沉淀越多,所以配置明矾水浓度要低。为保证显字效果好,用明矾水书写时最好能多描绘几次。

4. 纸张浸泡时间过长会导致明矾溶解,字迹模糊甚至消失。

## 【拓展思考】

不同浓度的明矾水对实验效果有无影响? 不同纸张对字迹的形成是否有

影响？尝试一下改变明矾水浓度和纸张，看看效果如何？

# 3 晴雨表

## 【背景知识】

野外勘探人员常常需要对考察地区的空气湿度进行检测，但是，携带玻璃制的干湿计比较麻烦，所以他们随身携带几张淡粉色的小纸片，到了需要测量湿度的地方，用火小心地将纸片烘干，这时候纸片就变成了蓝色，将这张小纸片挂在通风的地方，记录它重新变成粉红色的时间，再经过计算，就可以得到该地区湿度的粗略数据。这是什么原理呢？是遇水会变色的氯化钴。利用氯化钴的这个性质，我们可以制作一种好玩的无字天书。

## 【实验前准备】

1. 实验材料

一次性杯子，氯化钴，水，毛笔，淡粉色纸张，电吹风，普通纸张，硫酸铜。

2. 安全提示

氯化钴和硫酸铜都属于化学药品，避免误食；氯化钴有致敏性，过敏体质者皮肤接触可能会引起过敏。

## 【实验步骤】

**1.** 取少量氯化钴置于一次性杯子中，加少量水溶解，使溶液呈现粉色或红色。

**2.** 用毛笔蘸取氯化钴溶液在淡粉色纸张上写字或绘图，晾干，此时纸张上看不出字迹痕迹。

**3.** 用电吹风对晾干后的纸张进行加热，淡粉色纸张上呈现出蓝色字迹。

**4.** 取少量硫酸铜置于一次性杯子中，加少量水溶解，使溶液呈现蓝色。

**5.** 用毛笔蘸取硫酸铜溶液在普通纸张上书写或绘图，此时纸张上呈现蓝色字迹。

**6.** 用电吹风对纸张进行加热,蓝色字迹逐渐褪去。

**7.** 用另一支干净毛笔蘸取清水涂抹纸张,蓝色字迹会重新显现。

## 【原理解析】

1. 氯化钴和硫酸铜是两种比较常见的药品,在初中科学课程和小学自然课程中都有过介绍。它们在完全干燥和溶入水中时会呈现不同的颜色,氯化钴本身为亮蓝色,加入水后呈现粉色,浓度高时为紫红色。硫酸铜本身为白色,加入水后呈现蓝色。本实验制得的成品可以反复使用。

2. 配置的氯化钴溶液在普通纸张上会留下淡淡的粉色痕迹,所以需要书写在淡粉色纸张上。

3. 氯化钴溶液浓度可以适当低一些,硫酸铜溶液浓度需要适当高一些,以在普通纸张上留下蓝色字迹为宜。

## 【延伸阅读】

利用氯化钴和硫酸铜在有水和无水状态下颜色的明显区别,可以探究某些液体中是否含有水分。比如,通过类似实验可以测试购买的无水酒精中有没有掺水。

制作一朵晴雨花,将完成的作品完全烘干折叠成一朵小花,悬挂在室内,根据纸张上颜色变化的快慢和时长,可以测量空气的湿度。

# 4  食物画笔

## 【背景知识】

食材也能作为无字天书的墨水?是的,你没看错,很多作为调味品的食材,不仅仅能在生物实验室里做样本,在化学实验室里往往也能发挥作用哦。

## 【实验前准备】

### 1. 实验材料

毛笔、一次性杯子、A4纸、电吹风、榨汁器、洋葱、柠檬、大蒜。

2. 安全提示

各种食材汁液具有一定酸性或者刺激性,操作时注意不要接触皮肤和眼睛。

## 【实验步骤】

**1.** 取洋葱(柠檬、大蒜)一小块,用榨汁器榨取汁液。

**2.** 用毛笔蘸取汁液在A4纸上写字或绘图。

**3.** 晾干A4纸,得到一张白纸。

**4.** 用电吹风对纸张进行加热,观察纸张上的现象。

## 【原理解析】

1. 纸张上可以得到棕色或灰色的字迹。洋葱、柠檬和大蒜的汁液都是无色透明的,涂抹到纸张上后可以渗入纸张纤维并发生反应,得到一种薄膜状的物质。这种物质在受热后会收缩变色,留下棕色或者灰色的痕迹。

2. 汁液渗入纸张进行反应需要时间,晾干时间较长。

3. 本实验需要的加热时间相对较长,需要注意电吹风过热的情况,注意用电安全。

## 【拓展思考】

还有哪些食材可以产生这样的效果? 有刺激性或者与洋葱等类似的食材还有哪些? 韭菜、蒜苗、生姜……都可以尝试一下哦。

# 5 白色墨水

## 【背景知识】

你有没有发现牛奶或糖水洒在手上,手会黏黏的? 蛋白质或者糖类通常具有黏性,利用这一原理,我们可以搭配出很多无字天书的书写方式来。

## 【实验前准备】

1. 实验材料

毛笔,一次性杯子,牛奶,白砂糖,宣纸,彩色颜料干粉。

## 【实验步骤】

**1.** 取少量牛奶,加入适量白砂糖,搅拌至白砂糖完全溶解。

**2.** 用毛笔蘸取少量搅拌后的牛奶,在宣纸上写字或绘图,晾干。

**3.** 用毛笔蘸取颜料干粉,涂抹在宣纸上,用牛奶书写过的地方会留下颜料,显示出字迹。

## 【原理解析】

1. 富含油脂、蛋白质、低聚糖的液体往往具有较强的黏性。本实验中选用的是家中常见的白砂糖(蔗糖)和富含蛋白质的牛奶,这两种成分组成的液体较容易渗入纸张的纤维素中。相对牛奶来说,豆浆中大豆蛋白的效果就差了很多。同样,低聚糖中常见的果糖、麦芽糖效果很好,葡萄糖就差了很多。实验材料的选择需要自行尝试。富含油脂的液体在纸张上容易形成油渍,不适合本实验。

2. 牛奶留下的字迹本身颜色比较白,书写在普通纸张上会有痕迹,所以需要在宣纸上进行。

3. 糖浓度需要适当高一些,如果书写时牛奶留痕明显,需要加水稀释,同时提高糖分。

4. 糖分和牛奶蛋白的黏性主要是物理性质。

## 【拓展思考】

生活中还有哪些液体干了以后会黏黏的?利用这个原理不断尝试,你会发现更多。

# 6 海中墨客

## 【背景知识】

海水是指海洋中的水,对于人类来说,海水是名副其实的液体矿产,平均每立方千米的海水中有 3 570 万吨的矿物质。世界上已知的 100 多种元素中,80% 可以在海水中找到。海水中溶解有各种盐分,是一种非常复杂的多组分水溶液,海水中各种元素都以一定的物理化学形态存在。其中大量的以钠离子和氯离子为首,可以组成我们生理活动必备的食盐。今天,我们模拟一份海水,让它"跨个界",承担一次墨水的任务吧。

## 【实验前准备】

### 1. 实验材料

一次性杯子,食盐,水,毛笔,纸张,2B 及以上标号铅笔。

## 【实验步骤】

**1.** 在一次性杯子中加入少量食盐,加水溶解。

**2.** 用毛笔蘸取食盐水在纸张上写字或绘图,晾干。

**3.** 用铅笔在纸张上轻轻涂抹,有盐水书写过的地方会出现深黑色字迹。

## 【原理解析】

1. 海水中含有大量的盐分,用盐水在纸张上面写字,纸张晾干后,盐会渗入到纸张纤维中,具有较强的吸附性。用石墨含量高的铅笔涂抹纸张,有盐渍的地方会吸附更多的石墨,颜色更深。

2. 盐水浓度越高,实验效果越明显。

3. 盐分的吸附属于物理性质。

## 【延伸阅读】

铅笔的标号从 8H 到 8B,代表了不同的黏土和石墨的配比,不同型号的铅笔的颜色饱和度及硬度是不同的。可以尝试用不同标号的铅笔重复本实验,看看效果有没有差异。

# 7 花中物语

## 【背景知识】

花儿为什么这样红? 植物世界的花、果、叶为什么有这么多的颜色? 因为它们都含有一种特殊的物质——花青素。这是很多植物花、果皮里都含有的一类物质。因为它,植物的花瓣会呈现各种鲜艳的颜色,很多果实在成熟时果皮也会改变颜色。我们通过下面的实验,来看看花青素能显现多少种颜色。

## 【实验前准备】

### 1. 实验材料

紫甘蓝叶片,榨汁器,水,小喷壶,柠檬或者白醋,小苏打或者肥皂,一次性杯子,毛笔,普通纸张。

### 2. 安全提示

紫甘蓝汁液染色性较强,注意不要接触浅色衣物。

## 【实验步骤】

**1.** 取紫甘蓝叶片,用榨汁器榨汁,加适量水稀释后,装入小喷壶待用。

**2.** 取柠檬放入榨汁机榨汁,装入一次性杯子中。

**3.** 将适量小苏打(或肥皂)放入一次性杯子中,加水溶解。

**4.** 用毛笔蘸取柠檬汁(或白醋)、小苏打溶液(或肥皂水),在纸张上写字或绘图,晾干。

**5.** 用小喷壶对着纸张喷洒紫甘蓝汁液,柠檬汁(或白醋)书写的部分显示红色,小苏打溶液(或肥皂水)书写的部分显示蓝色。

## 【实验提示】

1. 可以替代酸性的物质还有很多,如洋葱汁。同样,可以替代碱性的物质也有很多,如苏打、石碱等。

2. 可以替代紫甘蓝的物质也有很多,如深色的葡萄皮、车厘子,深色的各类花瓣等。

3. 喷洒紫甘蓝汁液时要注意控制用量。

## 【延伸阅读】

花青素,又称花色素,是自然界中一类广泛存在于植物中的水溶性天然色素,是花色苷水解而得的有颜色的苷元。已知花青素有 20 多种,食物中重要的有 6 种,水果、蔬菜、花卉中的主要呈色物质大部分与之有关。在植物细胞液泡不同的 pH 值条件下,花青素使花瓣呈现五彩缤纷的颜色,是一种良好的酸碱指示剂,可以有多种显色方式。

# 8 当"大苏打"遇上碘酒

## 【背景知识】

你自己在家养过观赏鱼类么? 家庭养鱼最关键的是水质,如果使用自来水养鱼,尤其要注意一定要将自来水中消毒用的剩余氯去掉。这时候,有经验的人会告诉你,加一点"大苏打"(硫代硫酸钠)净化自来水吧。大苏打是一种怎么样的物质呢?

## 【实验前准备】

1. 实验材料

大苏打,水,一次性杯子,毛笔,普通纸张,碘酒(医用),小喷壶。

2. 安全提示

碘酒(医用)刺激性和染色性强,使用时请注意避免接触皮肤和衣服。

## 【实验步骤】

**1.** 取少量大苏打盛放在一次性杯子里,加少量水溶解。

**2.** 用毛笔蘸取后在普通纸张上写字或作图,晾干。

**3.** 取少量碘酒放置在另一只一次性杯子里,加等量水调和。

**4.** 用另一支干净毛笔蘸取碘酒在已晾干的纸张上涂抹,有大苏打溶液的地方碘酒的棕色会褪去。

## 【原理解析】

1. 硫代硫酸钠,俗称大苏打(和苏打、小苏打是不一样的物质哦),家庭养鱼时用来去除自来水里面的余氯。氯和碘是同族物质,性质有相似性,大苏打具有一定的还原性,能和碘酒中的碘单质反应生成无色透明的碘化钾。

2. 实验过程中可以尝试用小喷壶装上碘酒溶液进行喷洒,效果更好,但要注意喷洒时不能对着人。

3. 大苏打浓度高一些有利于实验效果呈现。

4. 可以让碘酒褪色的物质很多,如维生素C等。

## 【延展建议】

尝试用维生素C代替大苏打,重复以上实验。

# ❾ 酸碱识别专家

## 【背景知识】

酚酞是化学实验室常用的酸碱指示剂,与花青素不同,酚酞具有显色明显、单一和标准定性的作用。酚酞与碱溶液反应可以显示红色,与酸溶液、中性溶液不显色。

## 【实验前准备】

1. 实验材料

电子秤,氢氧化钠,烧杯,量筒,水,毛笔,滤纸,小喷壶,酚酞试剂。

2. 安全提示

实验中用到的氢氧化钠是强碱,具有一定腐蚀性,取用时要注意安全。如不慎接触皮肤,须用大量水清洗。

## 【实验步骤】

**1.** 用电子秤称量氢氧化钠1克,放入烧杯中,加50毫升水溶解。

**2.** 用毛笔蘸取氢氧化钠溶液,在滤纸上进行写字或绘图,晾干。

**3.** 在小喷壶内加入少量酚酞试剂,对着滤纸进行喷洒,会显现红色字迹。

## 【原理解析】

1. 实验中使用酚酞试剂而不使用其他的酸碱指示剂如石蕊、甲基橙等是因为酚酞在酸性和中性条件下都是无色,仅遇到碱时显红色,显色对比明显。

2. 实验中可以用小苏打溶液(碱性)代替氢氧化钠,小苏打安全性较高,但反应呈现的颜色不如氢氧化钠明显。

3. 实验中碱性溶液和酚酞试剂的次序可以互换,即可以用酚酞试剂书写,用氢氧化钠溶液喷洒,但喷洒时需要注意安全。

4. 喷洒时注意控制用量,喷洒过多会导致字迹模糊。

# 10 变色大王氯化铁

## 【背景知识】

氯化铁可以和多种物质发生络合反应,从而显现多种不同颜色,是化学世界中比较奇特的一种物质。和铁氰化钾反应显蓝色,和硫氰化钾反应显血红色,和氢氧化钠反应显棕色,和丙二酸反应显黑色等。

## 【实验前准备】

### 1. 实验材料

电子秤,氯化铁,水,小喷壶,铁氰化钾,硫氰化钾,氢氧化钠,丙二酸,毛笔,烧杯,普通纸张,量筒。

### 2. 安全提示

氯化铁具有较强酸性,同时容易在浅色衣服上留下锈斑,使用时注意不要接触衣物。和硫氰化钾、铁氰化钾、丙二酸等物质反应的产物均为染料,注意不要接触皮肤或衣物。

## 【实验步骤】

**1.** 称取氯化铁2克放置在烧杯中,加50毫升水溶解,装小喷壶待用。

**2.** 称取铁氰化钾、硫氰化钾、氢氧化钠和丙二酸各1克放置在烧杯中,加50毫升水溶解,用毛笔蘸取溶液后在纸张上写字或绘图,晾干。

**3.** 用小喷壶对着纸张喷洒,一幅彩色的画面出现。

## 【实验提示】

1. 上述四种药品的水溶液均无颜色,配置溶液时注意编号。

2. 氯化铁溶液为黄棕色,只能作为最后的显色剂使用。

3. 所有药品使用完成后必须尽快清洗。

动手技能篇

梁 起 吴为安

# 游艇制作<sup>*</sup>

## ▌ 船台制作

### 【背景知识】

构架式船舶模型的搭建和真实船舶建造一样,都需要一个制造的"工地"。船舶模型的船台就是我们设计操作的平台。

### 【活动前准备】

1. 活动材料

游艇图纸,雪弗板,计算纸,双面胶带,记号笔,直尺,美工刀。

2. 安全提示

在成年人的照看和帮助下使用美工刀等尖锐物品,避免受伤。

### 【活动步骤】

**1.** 裁切一块560毫米×240毫米的10毫米雪弗板作为底板。

**2.** 用双面胶带将计算纸粘贴在底板上并画好中心线——点划线。

**3.** 根据模型图纸用直尺量取相应的距离,并在计算纸底部标注好1～8号肋骨板位置。

底板

---

\* 游艇图纸请参阅166页。

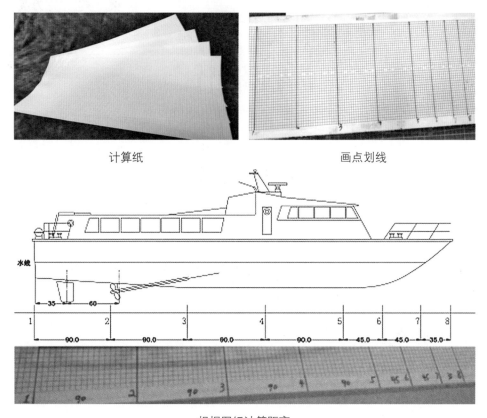

计算纸　　　　　　　　　　　　　画点划线

根据图纸计算距离

**4.** 这样模型的船台就制作完成了。后面船体所有的制作过程都将在船台上完成。

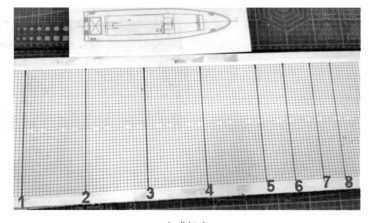

完成船台

## 【延伸阅读】

建造真船必须有一个船坞,它是船舶建造的"工厂"。通常船坞有两种,干船坞和浮船坞。

干船坞:干船坞的三面接陆一面临水,其基本组成部分为坞口、坞室和坞首。坞口用于进出船舶,设有挡水坞门,船坞的排灌水设备常建在坞口两侧的坞墩中;坞室用于放置船舶,在坞室的底板上设有支撑船舶的龙骨墩和边墩。

浮船坞:简称浮坞,是一种用于修造船的工程船舶,它不仅可用于修造船,还可用于打捞沉船,运送深水船舶通过浅水的航道等。

干船坞　　　　　　　　　　　　　　　浮船坞

船舶模型需要在"船台"上搭建,它就像是现实中的船坞。模型用的船台主要有两种:倒装船台和正装船台。

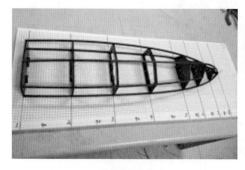 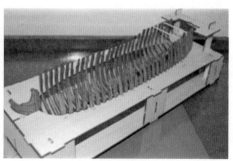

倒装船台　　　　　　　　　　　　　　正装船台

# 2 肋骨制作

## 【背景知识】

构架式船模的肋骨是用来支撑船身的主要零件,它的搭建直接体现出船体的外形。是船舶模型制作过程中重要的一环。在船体结构中起支持外板保持船体外形、保证舷侧结构强度的作用,还作为各层甲板横梁的舷边支点。肋骨与同一肋位平面内的横梁和肋板共同组成横向框架,保证船体的横强度。

## 【活动前准备】

1. 活动材料

游艇图纸,直尺,美工刀,钢丝锯或曲线锯,锉刀,砂纸,描图纸,铅笔。

2. 安全提示

在成年人的照看和帮助下使用美工刀等尖锐物品,避免受伤。

## 【活动步骤】

**1.** 放样。先用描图纸分别将每块肋骨线型的一半复描下来,按照中心线将描图纸对折剪下展开后便是完整的肋骨板图形。剪下后注上序号。

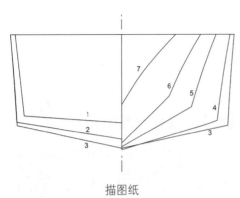

描图纸　　　　　　　　　　剪下肋骨板图型

**2.** 切割。将样板贴到制作肋骨的板材上去。用美工刀、钢丝锯或曲线锯依边线切割肋骨,边缘要留适当的余量。

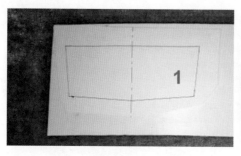
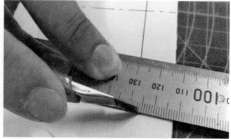

贴样板                                               切割板材

**3.** 修整——用细锉刀或砂纸修整。肋骨直接影响船体的形状，务必做得准确。某些肋骨还需挖出内孔，供安置动力设备用。每块肋骨上都要开出嵌放龙骨、龙筋的缺口。

修整

**4.** 完成效果。

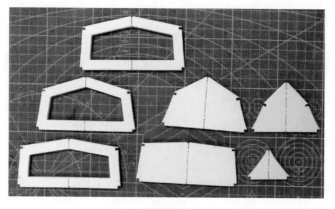

肋骨完成

## 【延伸阅读】

中国是航海与造船历史悠久的国家,制作航海模型的历史也比较久远。据史学家考证,中国是船模的最早发源地。考古工作者在浙江余姚河姆渡新石器时代遗址处,曾发现了一具7 000年前的陶质独木舟模型。据历史记载,12世纪就有以船模作样放大制造大船

船模

的事例,通过制造船模指导造船,为造船服务,这与现代造船中的放样原理基本一致。从过去通过制造船模检验改进设计,造出真船到今天的船模阻力拖拽试验与操纵回旋试验,都说明的船模与造船的密切关系,以及中国人在研究和应用船模方面的功绩。20世纪30年代,我国民间已开始了船模的研究,制作活动。但仅是少数手工艺人的工艺品或学校中的科技活动内容。

# 3  船体搭建

## 【背景知识】

构架式船舶的肋骨、龙骨以及龙筋是构架的主要零件,他们之间相互牵连相互支撑才构成了船体的外形。是船舶一切结构、一切设备的基础。构架式船舶模型当然也需要这样的构造。

## 【活动前准备】

### 1. 活动材料

游艇图纸,肋骨材料,龙骨材料,龙筋材料,榔头,大头针,美工刀,砂纸,502胶水。

2. 安全提示

注意榔头、刀具等尖锐工具的规范使用,避免割伤;注意大头针切勿散落在工作环境中以免刺伤;使用502胶水时注意对双眼的保护。

## 【活动步骤】

**1.** 在船台上每块肋骨的相应位置处,用大头针固定"肋骨板固定条"便于肋骨板的倚靠。

大头针固定

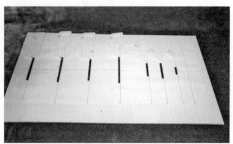

肋骨板固定条

**2.** 按照从船艉至船艏(1号至8号)的顺序依次安装肋骨板。肋骨板中心线与船台中心线对齐。肋骨板一侧倚靠先前的固定条,另一侧另外再用大头针固定新的固定条,使肋骨板被固定条"夹紧"。全部安装完成后对照图纸再次确认各肋骨板的位置距离是否正确。

安装肋骨板

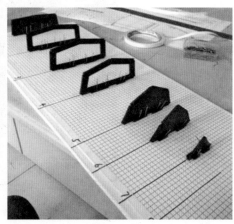

确认位置

**3.** 将龙骨安装到肋骨上（保持龙骨与船台垂直，同时俯视观察，确认龙骨与各肋骨之间也要垂直），并用胶水固定。

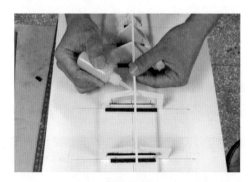

安装龙骨

确认龙骨垂直

**4.** 将龙筋分别嵌入每块肋骨的另外四个缺口并用胶水固定。

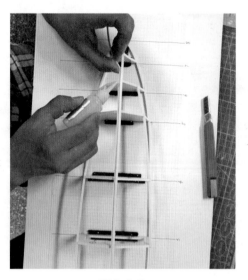

固定龙骨

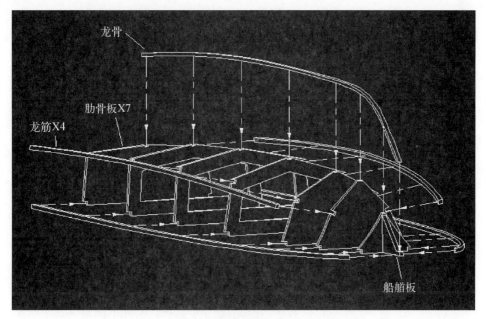

龙骨

肋骨板X7

龙筋X4

船艄板

船体图纸

**5.** 注意船艄处的龙骨与龙筋结合的切面形状需要用美工刀切出或者砂纸打磨。

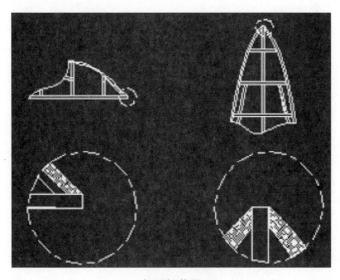

切面细节图

## 【延伸阅读】

1. 图纸的定义：用标明尺寸的图形和文字来说明舰船、飞机、工程建筑、机械、设备等的结构、形状、尺寸及其他技术要求的一种技术文件。图纸由图形、符号、文字和数字组成，是表达设计意图和制造要求以及交流经验的技术工作，常被称为工程界的语言。

2. 图纸上标题栏：标题栏是由名称、代号区、签字区、更改区和其他区域组成的栏目。一般标题栏的基本要求、内容、尺寸和格式按照国家标准规定。

3. 图纸字体：图样中书写的汉字、数字、字母必须做到：字体端正、笔画清楚、排列整齐、间隔均匀。字体的书写成长仿宋体，并采用国家正式公布的简化字体。

4. 尺寸标注：

（1）尺寸标准的基本规定：模型或零件的真实大小应以图样上所标准注的尺寸数值为依据，与图形的大小及绘图的准确度无关。图样中的尺寸以1毫米为单位时，无须标注计量单位的代号或名称，若采取其他单位，则必须标注。

（2）尺寸的组成：标注完整的尺寸应具有尺寸界线、尺寸线、尺寸数字及表示尺寸终端的箭头或斜线。

（3）一般还要标出比例。

5. 图样中常见到的几种视图名称：

（1）基本视图：主视图、俯视图、左视图。

（2）辅助视图：剖视图、局部视图等。

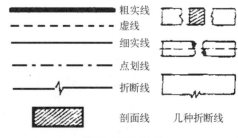

图纸中常见的线

# 4　舷板、甲板安装

## 【背景知识】

在安装好龙骨、肋骨和龙筋的构架上还要覆盖上船舷板，俗称蒙船壳，或更形象地称为蒙船皮，就像人体最外层必须有皮肤一样。舷板甲板搭建完毕才能使船体初具雏形。

## 【活动前准备】

### 1. 活动材料

游艇图纸, 舷板材料, 甲板材料, 榔头, 大头针, 美工刀, 砂纸, 502胶水, 直尺, 铅笔。

### 2. 安全提示

注意榔头、刀具等尖锐工具的规范使用避免割伤, 注意大头针切勿散落在工作环境中以免刺伤。502胶水使用时注意对双眼的保护。

## 【活动步骤】

**1.** 将2×2厘米的条状船舷板按照从中间向两侧推进的原则, 用502胶水固定的方法在构架上铺设, 超出船体长度的部分用美工刀切除。船舷板特别弯曲的地方可以先用大头针固定, 再上胶水, 待干后拔除。

固定船舷板

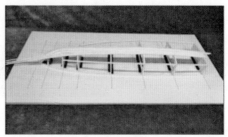
铺设完成

**2.** 如图船舷两侧的外形区域曲面变化不大, 可以用大面积的板状船舷板来拼搭。船艏处再用回条状的船舷板。

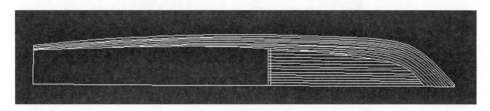
船舷板图纸

**3.** 船舷板全部搭建完毕后,小心地将整个船体从船台上取下来。

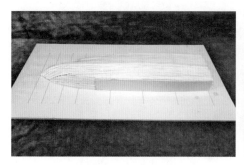
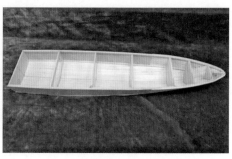

从反面观测的船舷板        从正面观测的船舷板

**4.** 将取下来的船体倒扣在甲板材料上(板材)进行放样,再按照图纸用直尺绘制出甲板上的船舱口。

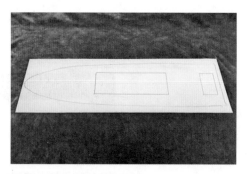

放样

**5.** 甲板放样裁切出来,对齐船体用胶水黏合。

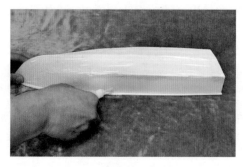

黏合船体

6. 安装上甲板才能算是完整的船体，因为舱室、设备（包括舾装、烟囱、桅杆、武备、救生、消防、通信、雷达、灯光）等都需要在甲板上安装。

船体完成

## 【延伸阅读】

航海模型种类很多，分类的方法也各有不同。按照世界航海模型运动联合会（NAVIGA）的规则，航海模型的竞赛项目分为五类：

动力艇航海模型（M）：内燃机动力圆周竞速和无线电遥控单艇或多艇竞速的竞速艇模型

仿真航海模型（C）：只评比建造工艺技术水平的舰船、设备及建造场景等各类模型

耐久竞速艇（FSR）：无线电遥控，按专用竞赛
场地、航线在规定的较长时间里集体竞速绕
圈航行的竞速艇模型

帆船模型（S）：它是一种无线电遥控帆船模型

仿真航行航海模型（NS）：按一定比例制作的仿
真舰船模型，可无线电遥控在水上航行竞赛

每一类项目组成一个专门的委员
会，在联合会主席团统一领导下，各委
员会全面管理各自的项目。一般情况
下，每部分项目两年举行一次世界锦
标赛。

我国开展的航海模型项目有：仿
真航海模型、动力艇航海模型、耐久竞
速艇、帆船模型和仿真航行航海模型
等多个项目。

# 5 整修、打磨、涂装

## 【背景知识】

蒙好船舷板以及安装好甲板的船体外表必须进行整修、打磨使船体外形符
合图纸上型线图，同时船体外表要达到一定的光洁度。打磨好的船体通常需要
按照图纸要求经行涂装。比如整体颜色、水线、船舶舷号、船舶名称、特殊符号
等。船舶模型中最主要的涂装手段是喷漆。

## 【活动前准备】

1. 活动材料

游艇图纸,防尘口罩,护目镜,原子灰,砂纸,砂纸板,遮盖纸,美工刀,剪刀,油漆。

2. 安全提示

使用原子灰和喷漆时注意保护双眼和呼吸道,打磨和涂装前,务必戴好防尘口罩和护目镜。

## 【活动步骤】

**1.** 打磨和涂装前,务必戴好防尘口罩。将原子灰和专用固化剂按照约50:1的比例调匀。

配比　　　　　　　　　　　调匀

**2.** 将原子灰刮在整个船体所有零件拼接的缝隙,注意不要堆积的太厚以刚好填补缝隙为宜。注意切勿急于求成,避免上一层未干就再一次进行填补。

填补

**3.** 填补完成静置晾干后,用砂纸由粗到细进行打磨。建议使用水砂纸放水打磨,这样可以减少粉尘的产生。

打磨

**4.** 整个过程根据实际的填补情况可以进行多次原子灰填补及多次砂纸打磨。直至船体光滑,符合图纸上的线型。

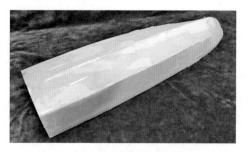

光滑船体

**5.** 将打磨好的船体晾干后先进行灰色的整体底漆喷涂。

喷涂底漆

晾干

**6.** 整体静置晾干后,按图纸要求用遮盖纸进行粘贴遮盖。

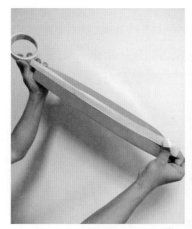 

粘贴遮盖 遮盖完成

**7.** 再次对未遮盖部位喷涂其他颜色的油漆。

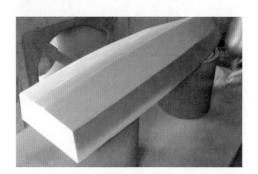

喷涂油漆

**8.** 油漆晾干后撕开遮盖纸就可以看到船舶水线的涂装效果。

撕开遮盖纸 完成涂装

## 【延伸阅读】

青少年参加的仿真船舶模型项目主要是F4-B级,参赛的模型由一名或几名运动员完成,模型的图纸以前是根据自己的喜好选择军舰或民用船舶的塑料套材进行制作。竞赛又分外观评比和航行竞赛两部分。

1. 外观评比:运动员将自己的参赛模型连同详细的图纸、细节照片等资料放到外观参评室;外观评判组一般由5名裁判(其中一名是裁判长)组成,裁判们分别给每个模型按照制作准确度、完整度、难度、精细致度、总体印象等为评分依据给予打分,总分100分;再计算出5名裁判的平均分为外观得分。

船模竞赛

2. 航行竞赛:运动员用无线电遥控设备操纵模型,按规定航线在规定时间内完成绕标航行、倒退、进码头停泊等动作,满分为100分,如有碰标、漏标、动作失误(如航行中只能有一次倒退操作,停靠码头超过标识线等)均要扣除相应的分值,最后得分即是航行得分。

3. 名次评定:每艘模型的外观得分和航行得分相加是总得分,高者列前。

# 6 动力安装

## 【背景知识】

任何船舶想要航行就一定要安装动力装置,模型也不例外。航海模型主要的动力形式有电能、内燃机、风能、橡筋动力等。我们制作的游艇采用的是电能驱动。

电动模型艇动力装置主要由动力系统和轴系组成。

动力系统主要由电动机、电动机固定板、电子调速器以及电池组成。

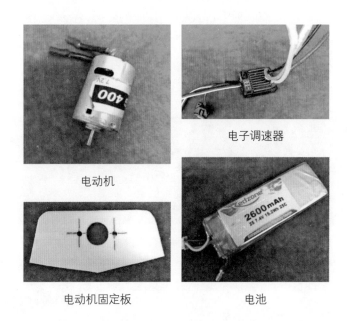

电动机

电子调速器

电动机固定板

电池

轴系主要由轴套、主轴、联轴器以及螺旋桨组成。

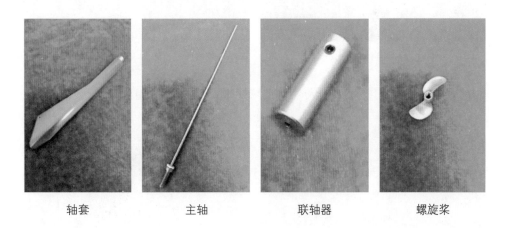

轴套　　　　　主轴　　　　　联轴器　　　　　螺旋桨

## 【活动前准备】

### 1. 活动材料

游艇图纸,护目镜,切割设备,锉刀,AB快干胶,电动机,电动机固定板,电子调速器,电池,轴套,主轴,联轴器,螺旋桨,记号笔,双面胶。

2. 安全提示

注意切割设备和胶水的使用规范以及对双眼的防护,活动须全程佩戴护目镜。

## 【活动步骤】

**1.** 按照图纸尺寸在船体底部用记号笔画线并开轴套槽用来配合安装轴套。

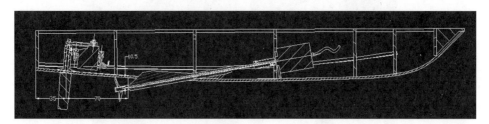

图纸

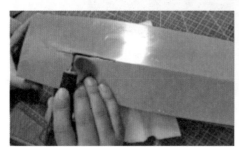

画线

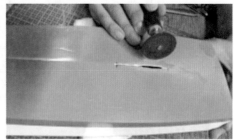

开槽

**2.** 将轴套按安装尺寸插入,用胶带初步固定位置后再用AB快干胶固定。

插入轴套

固定

**3.** 待轴套胶水彻底凝固后。

（1）将电动机安装在电机固定板上。

（2）将螺旋桨安装在主轴上并将主轴插入轴套。

（3）将电机连同固定板一起放入船舱，并用联轴器将主轴与电动机相连接（注意留出适当的间隙）。

（4）最后在固定板与船体间涂上胶水，等胶水凝固后，电机的安装就完成了。

安装电机　　　　　　　　　　　　　　　　电机放入船舱

**4.** 按电子调速器的电路要求将电子调速器与电动机、电池连接，并用双面胶预固定在船壳底部（以便之后调试模型配重），将开关固定在甲板中部便于触及的位置。这样动力系统的安装就完成了。

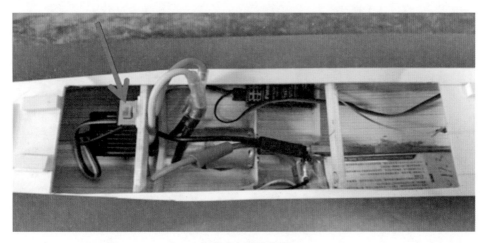

完成动力系统安装

【延伸阅读】

船舶要在江河湖海航行,需要依靠推动力,在机械发明之前,主要靠划桨和风帆或人力牵引。

直到蒸汽机发明之后,船舶才有了可以持续提供强大动力的装置,此后又陆续发明了柴油机、燃气轮机、电动机等各种动力装置,使船舶如虎添翼,在海上可以航行得更快更远。

风帆动力

人力牵引

划桨动力

蒸汽机轮船模型

世界最大的燃气轮机叶轮

# 7 舵系安装

## 【背景知识】

我们的船有了动力以后可以一往无前的航行,但是想要控制方向的话,还差一个重要的角色,那就是"舵"。然而光有一个舵就想随意操控方向还是远远不够的,我们需要的是一个操控方向的系统——舵系。

## 【活动前准备】

### 1. 活动材料

游艇图纸,螺丝刀,AB快干胶,开孔器,螺丝刀,舵,舵机,摇臂,舵支架。

| 舵 | 舵机及摇臂 | 舵支架 |

### 2. 安全提示

在成年人的照看和帮助下使用美工刀等尖锐物品,避免受伤,活动须全程佩戴护目镜。

## 【活动步骤】

**1.** 首先按照图纸尺寸在船底主轴螺旋桨位置后部用开孔器开出相应的舵轴孔。

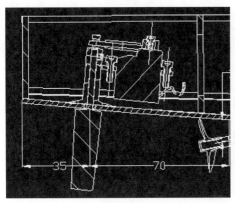

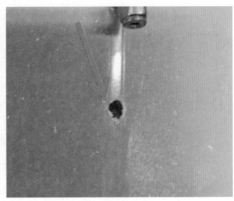

螺旋桨图纸　　　　　　　　　　　　开孔

**2.** 然后将舵支架安装在船体内部舵轴孔中,并用AB快干胶固定。

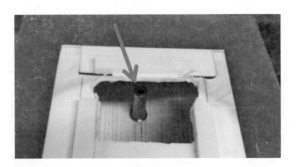

舵支架

**3.** 从船底插入船舵,并在船体内部将舵机摇臂插入,固定在舵轴上。之后可以根据摇臂的自由度进行舵机位置摆放测试。

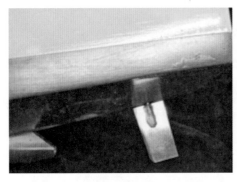

安装船舵　　　　　　　　　　　　测试位置

4. 舵机位置摆放完毕后，制作舵机支架将舵机固定在相应的船舱内部，这样舵系就安装完毕了。

完成舵系安装

【延伸阅读】

船舶能够听从人的指挥，行驶到人们想要去的地方，还必须有一套控制船舶航行方向的系统，这就是舵系。右侧的两张照片，一张是驾驶室内的舵轮，用来操控船下面的舵，使船按照人们的意愿向一个方向行驶；另一张可以清晰地看到船舶艉部下面有个巨大的舵，就像鱼的尾鳍，通过转动舵的方向来控制船舶的航向。

驾驶室

舵

# 8　舱室搭建

## 【背景知识】

我们之前曾介绍过,船舶的甲板上需要安装许多舱室、设备,其中舰桥就是最重要的设施之一。广义的舰桥指军舰除了甲板以外的其他部分,即上层建筑;狭义的舰桥特指指挥官所在的那层指挥舱。船舶模型自然也少不了"上层建筑"。

## 【活动前准备】

### 1. 活动材料

游艇图纸,上层建筑零件,美工刀,502胶水。

### 2. 安全提示

在成年人的照看和帮助下使用美工刀等尖锐物品,避免受伤,活动须全程佩戴护目镜。

## 【活动步骤】

**1.** 对照图纸整理上层建筑零件,用美工刀将毛刺修整干净。

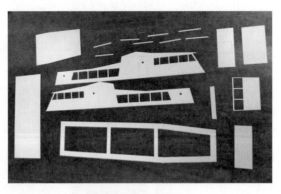

整理上层建筑零件

**2.** 将左右侧板沿折痕弯折;在底板两侧搭建左右侧板,注意侧板与底板的位置关系。

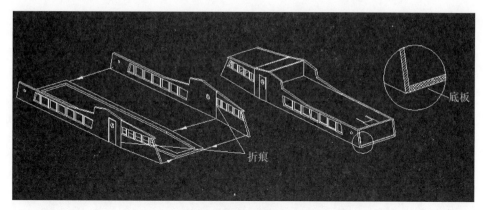

侧板安装图纸

**3.** 搭建前板和尾板,分别注意首尾两个位置关系。

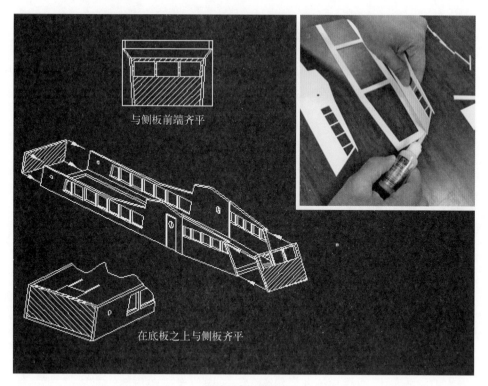

与侧板前端齐平

在底板之上与侧板齐平

搭建前板和尾板

**4.** 将前盖板沿折痕弯折;依次搭建后、中、前三块顶盖板,注意位置关系。

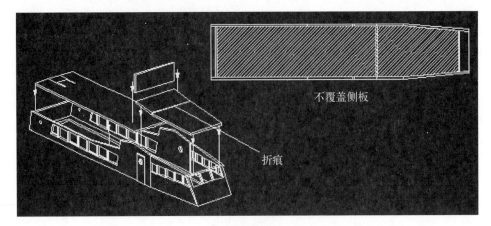

不覆盖侧板

折痕

盖板安装图纸

**5.** 清理局部细节后,完成游艇模型的上层建筑的主体。

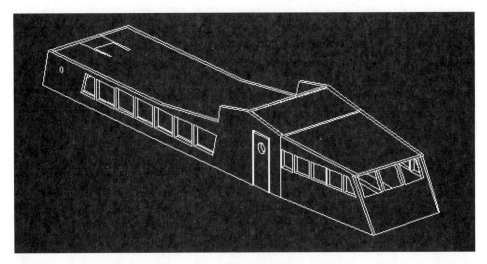

完成上层建筑主体

## 【延伸阅读】

　　舰桥是船舶的大脑,是操控船舶和指挥作战的地方,通常设置在甲板的上层建筑中的航行、作战指挥和操纵部位。一般位于桥楼顶部的前端,包括指挥室、驾驶室、露天指挥所等。

　　舰桥这个名称来源于蒸汽机明轮船时期,那时,操纵部位设在左右舷明轮护罩间的过桥上,因此出现了"舰桥"(船桥)的称呼。后来虽然螺旋桨取代了明轮,"舰桥"也不再是"桥"了,但"舰桥"(船桥)的名称被继续沿用至今。舰桥按照位置来分,对大、中型舰船有前舰桥和后舰桥之分,前舰桥在桥楼顶部的前端,是主要操纵指挥部位;后舰桥通常在后甲板室顶部,是预备指挥部位。小型舰艇上的桥楼即为舰桥。航空母舰或登陆舰一般只有一个舰桥。

舰桥

# 9  上层建筑完善

## 【背景知识】

船舶模型的上层建筑配件通常包括锚泊设备、救生筏、救生圈、桅杆、通讯天线、雷达、船舶灯具、舱门、驾驶台、栏杆等。需要将它们都装配上才是一艘真正的游艇模型。

## 【活动前准备】

### 1. 活动材料

游艇图纸、上层建筑配件、美工刀、502胶水。

2. 安全提示

在成年人的照看和帮助下使用美工刀等尖锐物品，避免受伤，活动须全程佩戴护目镜。

## 【活动步骤】

**1.** 对照图纸从后往前依次使用502胶水将后舱门后舱盖黏合在相应的位置。

**2.** 先单独组装桅杆雷达、桅杆底座以及操纵台，然后将其搭建在船舱的相应位置。

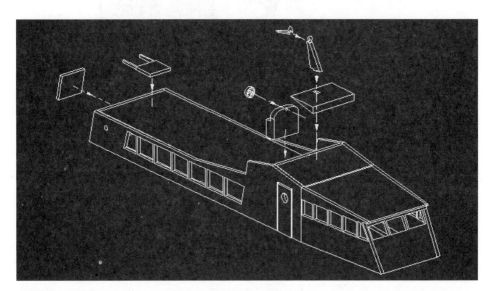

完善上层建筑零部件

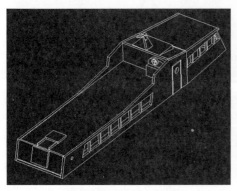

上层建筑尾端图纸

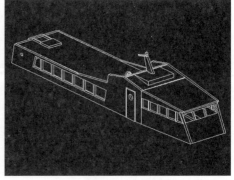

上层建筑前端图纸

**3.** 将救生筏和揽桩组装在游艇甲板的相应位置,这样上层建筑主要配件就安装完毕了。

搭建并安装救生筏　　搭建并安装揽桩

组装救生筏和揽桩

## 【延伸阅读】

船舶在航行到达目的地时要停靠码头,这时船上的锚泊和系泊设备就大显身手,发挥作用了,起锚机是船舶要抛锚或起锚时的机械,锚是抛入河底利用重力扎入泥土起到稳住船舶的作用。

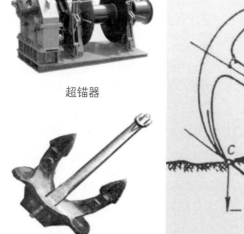

超锚器

锚　　　　　　　　　　锚的工作原理

系缆桩

导缆孔

# IO  外形修饰

## 【背景知识】

　　船舶在制造完毕交付使用之前还要经过最后的内外装饰以及细节设备的检查与添补。航海模型也是如此,在整体制作完毕的最后阶段就是反复审查图纸甚至翻查真实的船舶资料,看看有什么零部件还可以增添。

## 【活动前准备】

　　1. 活动材料

游艇图纸,相关资料,美工刀,同比例的添补零配件,502胶水,油漆。

　　2. 安全提示

在成年人的照看和帮助下使用美工刀等尖锐物品,避免受伤,活动须全程佩戴护目镜。

## 【活动步骤】

　　**1.** 根据图纸确认上层建筑及各个零部件的尺寸位置、颜色以及大小。在条件允许并符合真实船舶比例以及特点的前提下可以再为游艇制作、安装栏杆等

外形修饰

外观修饰零部件。

## 【延伸阅读】

　　船舶在江河湖海上航行,需要考虑意外发生,如风浪、水雷等破坏使船舶倾覆时,要保证旅客及船员安全,船舶上要设置足够的救生设备,如救生衣、救生艇、救生筏。

救生艇

救生筏

　　船舶在航行中需要随时了解航行路程上及周围的海况、天气等,特别是作战情况下更要及时发现周围海域、空域及海面下的敌情,这需要船舶有千里眼和顺风耳,具体说就是各种雷达和通信设备。

　　船舶在夜晚航行时像汽车一样要有显示自己轮廓和航行方向的指示灯,也需要便于工作生活的照明灯具,还有传递信号的信号灯。

雷达　　　　　　　　　　　　　雷达显示器

信号灯

## ‖ 遥控检查

### 【背景知识】

通过之前的制作我们已拥有了一艘构架式船舶模型,并且具备了动力系统和方向舵装置。接下来将会围绕"遥控航行"来对此船舶模型进行下一步的升级。

## 【活动前准备】

### 1. 活动材料

遥控器,接收机,电子调速器,电池,海绵双面胶带。

### 2. 安全提示

为防止高速转动的螺旋桨带来危险,调试开始前,注意清除模型周围的物品,使螺旋桨转动不受阻碍。注意区分电池正负极以及信号线插头方向,以免反插造成设备短路被烧毁。

## 【活动步骤】

**1.** 安装好螺旋桨并将遥控接收机放入船体内,与电子调速器、舵机的信号线连接,并用海绵双面胶带固定在船舱内部的底部。

遥控接收机

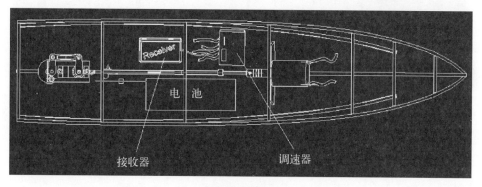

安装遥控装置

**2.** 将电子调速器与电源连接。先打开发射机电源再打开接收机电源,准备开始调试。

**3.** 拨动接收机的油门操纵杆,从船尾方向观察螺旋桨。看到桨叶逆时针旋转,或伸手在螺旋桨前感觉到有风,确认螺旋桨旋转方向正确,动力方向与船舶航向方向一致。若桨叶顺时针旋转或手未感到有风,可能是电子调速器与电动机的接线接反,重新连接后再调试,直至桨叶旋转方向正确。

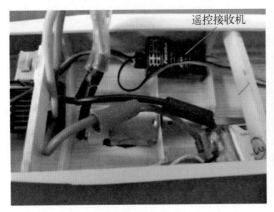

遥控接收机

安装遥控接收机　　　　　　　　遥控发射机

**4.** 拨动转向操纵杆,从船尾方向观察船底舵的转向,确认操纵杆方向与舵转向一致。

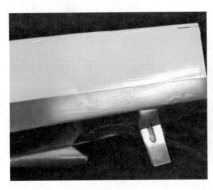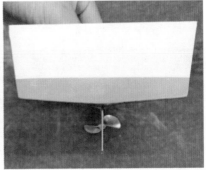

观察连动装置　　　　　　　　　确认舵转向

## 【延伸阅读】

遥控技术是对受控对象进行远距离控制和监测的技术。它是利用自动控制技术、通信技术和计算机技术而形成的一门综合性技术。一般都是指对远距离的受控对象单一或两种极限动作进行控制的技术,在人们的生产生活中具有广泛的应用空间。完成遥控任务的整套设备称遥控系统。遥控系统既可传送离散的控制信息(例如开关的通断),也可传送连续的控制信息(例如控制发动机油门大小)。

遥控设备每实现一个遥控指令我们称其拥有一个通道,目前常用的遥控设备有3通道、4通道、6通道、8通道、12通道、14通道等。发射的信号模式已经从早期的调频、调幅发展到现如今更为稳定可靠的2.4G模式。而且随着科技的不断进步,无线电遥控技设备也朝着更稳定、更便携、更灵活、功能更强大的方向不断发展。

# 12 试航调试

## 【背景知识】

试航调试是每艘航海模型在正式比赛前必做的功课,能让船模最大程度上经过实践的检验,发现自身存在的问题,为后续的改进提供基础,在试航时,有一些技巧能更好地提高船模的航行效率和避免因为错误操作而导致的问题。

## 【活动前准备】

1. 活动材料

遥控设备,游艇模型。

2. 安全提示

在成年人的照看和帮助下进行船模下水试验。在水边试验航行时须注意安全,以防落水。如模型发生故障抛锚,请求老师和家长的帮助,不可擅自下水打捞模型。

## 【活动步骤】

**1.** 测试各种遥控操作的灵活程度,如有无卡顿、相互干涉等情况。

**2.** 调试模型在水中的静态姿态。将模型放至水中,使其保持左

试航调试

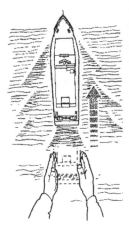

放航姿势

试航

右、前后均水平的姿态,模型水线与水平面平行,并尽可能重合。如一开始达不到这一要求,可以通过调整内部设备的分布以及增减配重来实现。

**3.** 在静态姿态调整完毕后,才能以先慢后快的速度进行试航。

(1)航行姿态。模型在水中航行时,侧面看,船头会略微抬起,与水面形成一个小小的夹角,速度越快,夹角越大。一旦抬过头,船就会失衡倾覆。因此这一夹角应尽可能地小。纵向看,因为桨叶单向旋转,就会令船体产生一个扭矩,船左边微微翘起,可以在左边多加些配重,或者在船尾底面(滑行面)上贴一些小三角木片,以抵消扭矩。

(2)转向姿态。模型在水中航行转向时,转向半径要适合航向的要求,例如穿越水面浮标时需要根据实际情况对舵角进行调节。

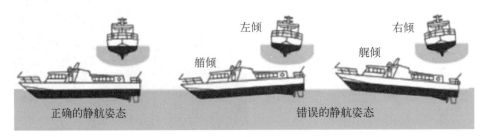

静航姿态

**4.** 遥控器设定。

（1）油门正反。将油门操纵杆从低档推到高档，观察船速是否由小到大。

（2）舵角正反。控制方向操纵杆，观察船航行方向是否与杆方向一致。

（3）舵角大小（设置DR）。就像汽车方向盘打弯一样，需要设置操纵杆转向与船回转半径的关系。一般数值越大，转得越快，回转半径越小；数值越小，转得越慢，回转半径越大。在快速航行时，回转半径越小，越易翻船。

（4）舵角中立点。在不打方向盘的初始状态时，船应正向航行，如船跑偏了，需微调舵角，使其保持正向。

（5）失控保护（Fail Safe，FS功能）。因为在户外操纵航模时，无线电信号可能受到干扰，一旦中断，船模应停下，否则易造成事故。打开遥控器菜单中的FS项，把油门操纵杆拨到最低（THR F/S POS−100%）并确认，代表一旦失控，油门自动停止。测试时，从低档开始拨动油门操纵杆，使螺旋桨低速旋转，再关掉遥控发射机，如螺旋桨立刻停止旋转，代表FS功能设置成功。

## 【延伸阅读】

F2是无线电遥控按比例制造的仿真舰船模型项目代号，在三角航道上沿规定航线绕标航行。以建造得分和航行得分之和评定名次。按模型总长区分级别。

F2−A级　模型总长900毫米以下；

F2−B级　模型总长900～1 400毫米；

F2−C级　模型总长1 400毫米以上。

下面是F2竞赛场地布标图，虚线是一边长30米的等边三角形，比赛时选手操纵模型按箭头指示的方向航行，实线表示正向行驶，虚线表示倒车航行。

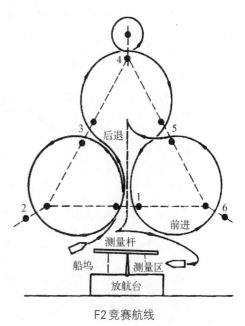

F2竞赛航线

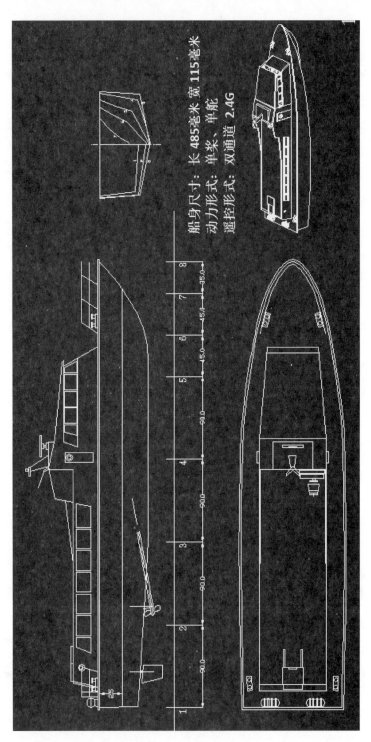

船身尺寸：长 485毫米 宽 115毫米
动力形式：单桨、单舵
遥控形式：双通道 2.4G

制作游艇模型图纸

顾允一

# 滑翔机制作

## ▎机翼假组

【背景知识】

电动遥控模型滑翔机由机翼、尾翼、机身、动力系统和控制系统四部分组成。

机翼是飞机的重要部件之一,安装在机身上。其最主要作用是产生升力,一般分为左右两个翼面,对称地布置在机身两边。

机翼的平面形状(俯视或仰视角度)多种多样,常用的有平直翼、后掠翼、三角翼等。

平直翼        后掠翼        三角翼

对于一般模型来说,机翼主要由梁、翼肋、前缘和后缘四部分组成。

机翼的组成

机翼主梁是机翼的主要承力构件。翼肋的直接作用是形成机翼剖面所需的形状；前缘和后缘的作用是将翼肋、梁等零件连接成一个整体，使机翼形状保持更牢固，更完整。

## 【活动前准备】

### 1. 活动材料

滑翔机机翼素材，打磨板、锉刀、工作板、纸巾、隔离膜、大头针。

打磨工具                          活动材料

### 2. 安全提示

在成年人的照看和帮助下进行滑翔机模型制作活动，活动全程佩戴护目镜和防护口罩。

## 【活动步骤】

**1.** 准备一块平整的工作板，并在工作板上铺一层塑料膜作为隔离层，可以有效地防止零件和工作板的粘连。注意塑料膜要铺贴平整，窍门是可以借助水的力量，铺膜的时候可以先在板上用湿纸擦一下。

隔离层

**2.** 将零件从母版上取下依次平铺在工作板上，先预设好各零件的对应位置，并标记上数字。

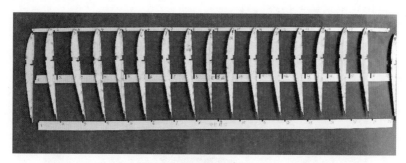

为零件编号

**3.** 将翼肋依次插到立梁槽口中，如果遇到对插非常紧的状况时，可以用锉刀轻轻打磨槽口内壁。

**4.** 打磨时锉刀要贴紧槽口表面，沿一个方向打磨，槽口两边都要磨到，打磨2～3下后再试插一下，直至翼肋和立梁能轻松相互对插，以对插后不脱落的状态为最佳。

**5.** 翼肋和立梁槽口一一对应，翼肋上下弧和梁的上下表面持平。

确认水平

翼肋插入立梁

对插

6. 用相同的方法假组翼肋和前缘及后缘。翼肋上弧前端和前缘距离1毫米左右。如果后缘高出上弧,需要在后缘上高出的地方做好标记,用打磨板均匀打磨,直至拼接出平整无台阶。

假组翼肋

7. 翼肋和立梁、前后缘假组完成后,继续假组上下梁,同样要求上下梁表面和翼肋上下弧平整。如果发现上下梁高出翼肋表面,需要在高出的地方做好标记,用打磨板均匀打磨,直至拼接出平整无台阶。

8. 用同样的步骤完成两个机翼上反角段的假组。

完成假组

## 【活动结果评估】

假组工艺评估表

| 序号 | 项 目 | 质 量 标 准 | 完 成 情 况 |
|------|-------|-------------|-------------|
| 1 | 翼肋和前缘 | 1. 假组不松脱 | |
| | | 2. 翼肋上弧前端和前缘距离1毫米左右 | |

（续表）

| 序号 | 项 目 | 质 量 标 准 | 完 成 情 况 |
|---|---|---|---|
| 2 | 翼肋和立梁 | 1. 假组不松脱 | |
| | | 2. 翼肋上下弧和梁的上下表面持平 | |
| 3 | 翼肋和后缘 | 1. 假组不松脱 | |
| | | 2. 上下弧和后缘上下表面持平 | |
| 4 | 翼肋和横梁 | 1. 假组不松脱 | |
| | | 2. 上下梁表面和翼肋上下弧平整无台阶 | |

# 2　机翼黏结

【背景知识】

　　通过使用黏合剂黏结各零件，可以使松散的零件变成一个完整的框架结构。常见的黏合剂有瞬间胶（502胶水）、环氧树脂类、厌氧胶水、UV胶水（紫外线光固化类）、热熔胶、压敏胶、乳胶类等。

　　不同的黏合剂使用的环境、对象和方法各不相同。我们制作滑翔机模型使用的是乳胶，这是一种水性胶，可以很好地黏结纸质和木质材料。

【活动前准备】

　　1. 活动材料

　　滑翔机机翼素材，纸巾，乳胶，三角尺。

　　2. 安全提示

　　在成年人的照看和帮助下进行滑翔机模型制作活动，活动全程佩戴护目镜和防护口罩。

【活动步骤】

　　**1.** 准备一张纸巾，将纸巾的一角拧成笔尖的样子，用于擦拭多余的胶液。

擦拭余胶

**2.** 将假组好的构件依次拆开,还原成散件。

**3.** 按照假组时的步骤分别黏结翼肋和立梁、前缘。黏结时,胶液要均匀地涂抹在黏结面上,记得及时用纸巾抹除黏结面外的胶液。

**4.** 翼肋和立梁及前缘黏结后,将部件放到工作板上,组装后缘。这时要调整零件的相互位置关系:前缘、立梁和后缘平行,翼肋和这三者垂直。可以用三角尺测量。

**5.** 用同样的方法黏结机翼的上反角构件。在翼尖位置要各贴3片翼肋。

**6.** 黏结完后将各构件平放在工作板上,梁和后缘的位置用重物压好防止变形。

完成各构件黏结

**7.** 待黏合剂干了以后在梁朝向前缘的位置用乳胶贴上腹板。贴的时候腹板下端和下梁持平。

**8.** 腹板黏结完毕后,在机翼中段蒙板。

蒙板

## 【活动结果评估】

### 黏结工艺评估表

| 序号 | 项 目 | 质 量 标 准 | 完 成 情 况 |
|------|--------|------------------|------------------|
| 1 | 各黏结面 | 无胶溢出 | |
| 2 | 前后缘 | 前后缘平直无扭曲 | |

# 3 构件整形

## 【背景知识】

打磨,是表面改性技术的一种,一般指借助粗糙物体(含有较高硬度颗粒的砂纸等)来通过摩擦改变材料表面物理性能的一种加工方法。构件整形是利用打磨的方法,使构架更符合图纸要求,同时也能使构件表面光滑,是制作模型的重要环节。

## 【活动前准备】

### 1. 活动材料
滑翔机模型素材,打磨板、直尺。

2. 安全提示

打磨过程中会产生灰尘,注意佩戴护目镜和防护口罩; 打磨时注意手部安全。

## 【活动步骤】

**1.** 首先打磨前缘。手按在梁的位置,固定构件,打磨板贴合前缘棱角,沿翼展方向打磨,使机翼上弧和前缘过渡圆滑。

**2.** 用同样的方法打磨前缘下弧。

打磨棱角

**3.** 打磨机翼中段蒙板和腹板,通过打磨,使蒙板和翼肋持平。

打磨蒙板和腹板　　　　　　　　　　　　　与翼肋持平

**4.** 打磨构架的上下弧,使翼肋的过渡平整无起伏。

**5.** 每打磨2～3次后将直尺放在打磨过的位置对光检查,确保直尺和构件之间贴合紧密无漏光。

对光检查

## 【活动结果评估】

构件整形工艺评估表

| 序号 | 项　目 | 质　量　标　准 | 完　成　情　况 |
|---|---|---|---|
| 1 | 前缘 | 和翼肋过渡圆滑 | |
| 2 | 腹板和中段蒙板 | 平直 | |
| 3 | 上下弧 | 翼肋之间平直 | |

# 4　机翼蒙皮和美化

## 【背景知识】

　　机翼蒙皮是指包围在机翼骨架结构外且用黏合剂固定,形成飞机气动力外形的构件。蒙皮与构件所构成的蒙皮结构具有较大承载力及刚度。模型飞机的蒙皮有热收缩薄膜、绢、绵纸、木片等种类。下面我们就来试一试用热收缩薄膜来为我们的滑翔机模型蒙皮。

## 【活动前准备】

### 1. 活动材料

滑翔机机翼素材,模型专用可调温电熨斗,热缩薄膜,热熔胶。

2. 安全提示

电熨斗的温度可达300℃，在成年人的照看和帮助下使用电熨斗，使用时，手只能握在手柄处。

电熨斗

## 【活动步骤】

**1.** 将热缩薄膜对折，折缝对准前缘。电熨斗调温至100℃，贴紧前缘，匀速在前缘熨烫一遍，直至将热缩薄膜贴紧在骨架前缘上。

**2.** 机翼蒙皮要先蒙下弧。下弧蒙皮拉至后缘，用夹子夹住热缩薄膜和后缘，热缩薄膜尽量不要有褶皱。

**3.** 先将热缩薄膜和梁贴紧。熨烫的时候注意尽量不要熨烫到梁以外的地方。

**4.** 从中段下弧蒙板开始依次将翼肋和热缩薄膜烫牢。

**5.** 翼肋下弧和热缩薄膜全部贴合后，将下弧的膜向上弧翻起，并烫在后缘的上表面。

**6.** 上弧蒙皮时和下弧一样，先熨烫住梁的位置，再依次贴合热缩薄膜和翼肋。

**7.** 机翼中段所有的翼肋和膜贴合后，将两端多余的热缩薄膜贴到翼肋两侧。膜和膜之间要均匀地涂一层没有稀释过的热熔胶。

**8.** 中断两端上下弧各涂一遍没有稀释过的热熔胶。

**9.** 用相同的方法将热熔胶熨烫在上反角的骨架上。

**10.** 将熨斗的温度调至120℃，在翼肋间依次移动，直至热缩薄膜均匀地收紧。

## 【活动结果评估】

机翼蒙皮工艺评估表

| 序号 | 项目 | 质 量 标 准 | 完 成 情 况 |
|------|------|-------------|-------------|
| 1 | 构件和翼肋 | 贴合紧密无脱胶 | |
| 2 | 蒙皮表面 | 平整无褶皱 | |

# 5 尾翼制作

## 【背景知识】

尾翼是安装在飞机尾部的一种装置,可以增强飞行的稳定性。大多数尾翼呈倒"T"字或"T"形,也有少数采用"V"形或"H"尾翼。尾翼可以用来控制飞机的俯仰、偏航和倾斜以改变其飞行姿态。尾翼是飞行控制系统的重要组成部分。

我们这架模型采用的是倒"T"形尾翼。

飞机尾翼

## 【活动前准备】

1. 活动材料

滑翔机尾翼素材,单面刀片,打磨板,木条,502胶水,皮纸。

2. 安全提示

在成年人的照看和帮助下使用刀片和胶水,注意安全;活动全程须佩戴护目镜和防护面罩。

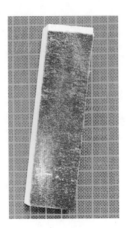

刀片　　　　　　　　　　　　　　打磨板

## 【活动步骤】

**1.** 根据尾翼的周长截取木条，在水平尾翼和垂直尾翼上安装木条，木条要比对应位置长2～3毫米。

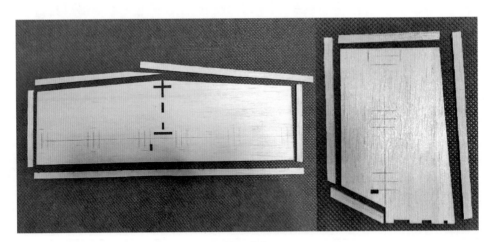

截取木条

**2.** 用502胶水将木条和尾翼黏结。注意接缝处要平整无缝隙，零件表面无多余胶水堆积。

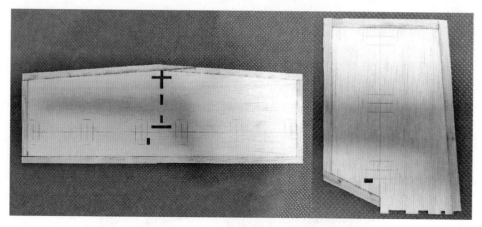

黏结木条

**3.** 使用打磨板为尾翼整形，将外形的棱角打磨圆滑。

**4.** 打磨加强条黏合后尾翼的前缘、翼尖和后缘，将这些部位打磨成圆弧形，在飞行过程中就会减小阻力。

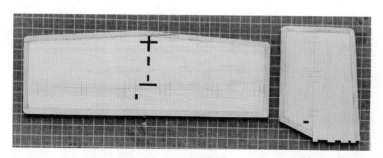

打磨边缘

**5.** 将安定面和舵面切割开，打磨结合部位，使横截面呈半圆形以利于舵面转动。

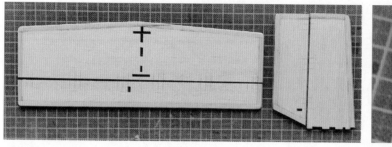

切割

打磨成圆弧形

**6.** 将皮纸裁剪成5毫米×20毫米的长方形,共需要18个。

裁剪皮纸

**7.** 用502胶水将皮纸呈"X"状黏结于安定面和舵面,完成铰链安装。黏结时,舵面和安定面要靠紧,皮纸要贴平整。

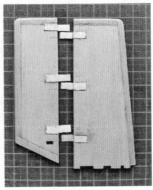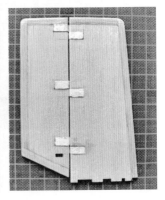

铰链安装

## 【活动结果评估】

尾翼制作工艺评估表

| 序号 | 项　目 | 质　量　标　准 | 完 成 情 况 |
|---|---|---|---|
| 1 | 拼接木条 | 1. 拼缝处平整无缝隙 | |
| | | 2. 用胶量合适,零件表面无胶堆积 | |

（续表）

| 序号 | 项 目 | 质 量 标 准 | 完 成 情 况 |
|---|---|---|---|
| 2 | 尾翼整形 | 1. 尾翼表面平整 | |
| | | 2. 翼尖、前后缘圆滑、平整 | |
| 3 | 铰链安装 | 1. 舵面和安定面缝隙小而且均匀 | |
| | | 2. 皮纸和零件贴合平整 | |

## 【延伸阅读】

单面刀片使用过程中要注意掌握3点：

1. 刀片的正确持刀姿势（刀片和被切割物保持垂直）。

2. 运刀力度要小。

3. 按压被切割物的手指不能处于刀片运动的路线。

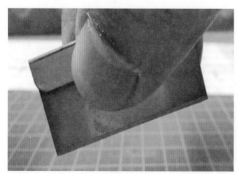 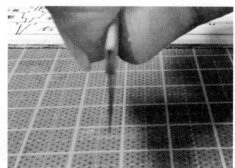

持刀姿势 　　　　　　　　　　　　　　垂直持刀

502胶水是一种瞬间胶，固化时间在30秒左右，是模型制作的常用黏合剂。502胶水的蒸气会刺激眼睛，在使用时须佩戴护目镜。使用502胶水时有2个窍门：

1. 在瓶口加一个用塑料棉签拉制的滴液口，用双面胶带将棉签固定在瓶口，可以有效地控制出胶量。

2. 在黏结面涂抹少量清水后再滴502胶水，可以加快固化速度。

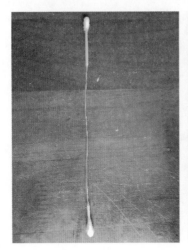

制作滴液口

# 6 尾翼总装

## 【背景知识】

尾翼一般分为垂直尾翼和水平尾翼。

垂直尾翼简称垂尾或立尾，由固定的垂直安定面和可动的方向舵组成，它在飞机上主要起方向安定和方向操纵的作用。根据垂尾的数目，飞机可分为单

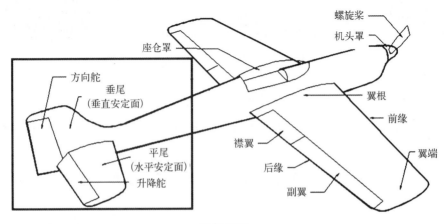

飞机尾翼

垂尾、双垂尾、三垂尾和四垂尾飞机。

水平尾翼简称平尾，是飞机纵向平衡、稳定和操纵的翼面。平尾左右对称地布置在飞机尾部，基本为水平位置。翼面前半部通常是固定的，称为水平安定面。后半部铰链在安定面的后面，可操纵上下偏转，称为升降舵。

## 【活动前准备】

### 1. 活动材料

滑翔机尾翼素材，三角尺，打磨板，502胶水，硝基清漆。

### 2. 安全提示

硝基类漆有较大的刺激性，要在户外使用，使用时须佩戴手套、护目镜和防护口罩。

## 【活动步骤】

**1.** 组装水平尾翼和垂直尾翼。

（1）把水平尾翼平放在工作板上，依照开孔插上垂直尾翼，用直角三角尺检查，两者是否结合紧密、相互垂直。

（2）在接口处渗入502胶水，使之固定。

插入尾翼

检查角度

**2.** 安装摇臂。

（1）将摇臂插入舵面摇臂孔里，摇臂露出舵面的长度相等且摇臂垂直于舵面,然后用502胶水黏结。

（2）在舵面两侧各贴一片摇臂加强片,使摇臂安装更加牢固。

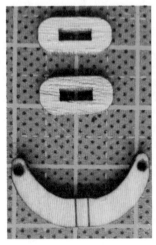

安装摇臂

**3.** 防水涂装。

（1）在尾翼表面均匀喷涂一遍硝基清漆。

（2）待第一次喷涂的漆面干透后用打磨板打磨零件表面,使之光滑无毛刺。

（3）用干净的毛刷清除表面的浮灰,再喷涂一次清漆。

## 【活动结果评估】

尾翼总装工艺评估表

| 序号 | 项 目 | 质 量 标 准 | 完 成 情 况 |
|---|---|---|---|
| 1 | 平尾和垂尾黏结 | 1. 拼缝处平整无缝隙 | |
| | | 2. 翼面相互垂直 | |
| 2 | 摇臂安装 | 1. 露出翼面距离相等 | |
| | | 2. 摇臂和翼面垂直 | |
| | | 3. 加强片安装位置准确,贴合紧密 | |
| 3 | 尾翼涂装 | 1. 漆面无挂淌 | |
| | | 2. 翼面光滑平整 | |

# 7 机身制作

## 【背景知识】

机身是飞机上用来装载机载设备的部件。它将机翼、尾翼、起落架等部件连成一个整体。遥控模型的机身装载的设备主要有发动机（电机）、舵机、接收机、燃料（电池）等。

我们制作的模型简化了机身结构，在不影响机身强度的前提下将舱式机身简化为由两片桐木片和一片层板组成的"三明治"式的板式前舱和碳纤维尾杆组成。

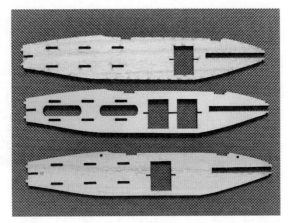

机身模型材料

## 【活动前准备】

1. 活动材料

滑翔机机身素材，乳胶，桐木片，层板，打磨板。

2. 安全提示

硝基类漆有较大的刺激性，要在户外使用，使用时须佩戴手套、护目镜和防护口罩。

## 【活动步骤】

**1.** 在桐木片上均匀涂一层乳胶（桐木片上有"0"标记的朝向桌面摆放），然后放上层板，用纸巾擦去舵机舱内溢出的乳胶；在另一片桐木片上也均匀涂一层乳胶，使之和层板黏合。用纸巾擦去外溢的乳胶。

**2.** 调整3片木片的位置，使3片木片重合，无位移。

涂胶

擦去溢胶

**3.** 将机身放在工作板上用重物压好，避免出现机身扭曲现象。

**4.** 将黏合好的机身边缘（翼台除外）的棱角打磨掉，使机身的截面变成类似于田径场的半圆形。用打磨板贴紧机身侧面，将机身打磨至光滑无毛刺。

重合木片

确认无位移

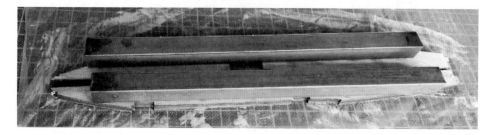

重物压平

打磨

**5.** 在机身表面均匀涂刷一层硝基清漆，待漆膜固化后再打磨一遍，然后再喷涂一层硝基清漆。

## 【活动结果评估】

机身制作工艺评估表

| 序号 | 项 目 | 质 量 标 准 | 完成情况 |
|------|-------|-------------|----------|
| 1 | 前舱黏合 | 1. 三层木片外形重合 | |
| | | 2. 舵机框处无溢胶 | |
| | | 3. 切口垂直 | |
| 2 | 机身整形 | 1. 机身平直无扭曲 | |
| | | 2. 表面光滑 | |
| | | 3. 截面形状规整 | |

# 8 机身总装

## 【背景知识】

模型飞机的机身大致分为舱身和杆身两种。舱式机身结构复杂，强度高，重量大，气动性能好，制作难度大，适用于一些载荷比较大的模型。杆式机身结构简单,重量小,制作简单,但是气动性能略微逊色,适用于一些简单模型。

## 【活动前准备】

### 1. 活动材料

滑翔机机身素材,碳纤维杆,502胶水,锉刀,牙签。

### 2. 安全提示

活动全程须佩戴护目镜和防护口罩;使用锉刀时须戴手套,以免手部受伤。

## 【活动步骤】

**1.** 将板式前舱平放在铺好隔离膜的工作板上,在尾杆插槽内放进碳纤维杆,碳纤维杆一定要顶到尾杆槽前端并与桌面贴平,用502胶水黏合固定。

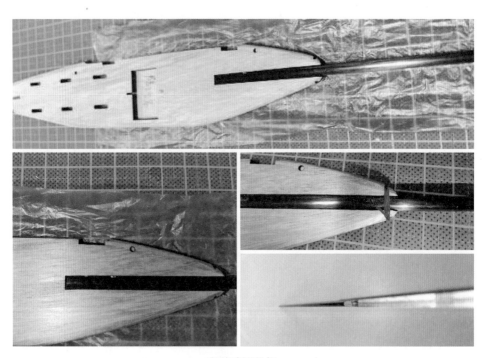

安装碳纤维杆

**2.** 将翼台放至机身上的翼台槽,观察翼台上表面是否与槽口持平。如果高出槽口,需要用锉刀修整安装槽深度,使之持平,而且无斜面,然后用502胶水固定。

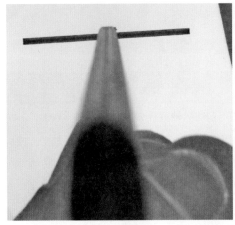

观察翼台

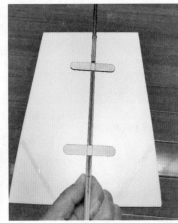

确保持平

**3.** 在机身前端安装防火墙，先将防火墙加强片插入机身，(注意标有"R"的一侧应该在机身的右面)。使加强片前端和机身前端持平。用502胶水黏合。

**4.** 将防火墙上的卯孔对准机身榫头，插紧，并和底座贴合紧密。如果有缝隙，需要用锉刀修整，然后用502胶水黏合。

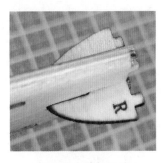

插入防火墙加强片

安装防火墙

**5.** 在两个机翼固定孔里各插入一段25毫米的牙签，作为固定销。调整固定销露出机身的长度，两个保持一致，并且与机身垂直，然后用502胶水将固定销与机翼黏合。

## 【活动结果评估】

### 机身总装工艺评估表

| 序号 | 项　目 | 质　量　标　准 | 完成情况 |
|---|---|---|---|
| 1 | 尾杆安装 | 1. 尾杆纵轴与前舱纵轴重合 | |
| | | 2. 黏合牢固无松动 | |
| 2 | 翼台安装 | 1. 平整无凹凸 | |
| | | 2. 翼台与机身侧面垂直 | |
| | | 3. 翼台露出机身两侧的距离相等 | |
| | | 4. 两翼台平行 | |
| 3 | 防火墙安装 | 1. 零件安装位置准确 | |
| | | 2. 零件贴合紧密 | |

# 9　模型总装

## 【背景知识】

航空模型种类很多,分类的方法也各有不同。按照国际航空运动联合会(FAI)的规则,航空模型的竞赛项目分为三类:

### (一)自由飞类

在飞行过程中不能接受人为操纵的模型,需要人们预先调整好模型预计的飞行姿态,使模型在出手后按预定姿态飞行。

常见的有牵引模型滑翔机、橡筋动力模型滑翔机、发动机动力模型滑翔机等。

### (二)线操纵类

在飞行过程中可以由操纵者通过1～3根操纵线人为的控制模型飞机的俯仰姿态,模型在以操纵者为圆心,以操纵线为半径的一个半球体内飞行。

常见的有线操纵特技模型飞机、线操纵空战模型飞机等。

（三）遥控类

遥控模型飞机是指在飞行过程中通过无线电遥控设备对模型的飞行姿态进行控制，使它可以像真飞机一样完成三维空间的飞行动作。

常见的有电动遥控模型滑翔机、手掷遥控模型滑翔机、牵引遥控模型滑翔机、遥控模型直升机等。

## 【活动前准备】

### 1. 活动材料

滑翔机模型素材，502胶水，锉刀，牙签，纸胶带，大头针，细棉线，钓鱼线，橡皮圈，螺丝，电机，电子调速器。

### 2. 安全提示

活动须全程佩戴护目镜和防护面罩；在成年人的照看和帮助下进行电源连接操作。

## 【活动步骤】

**1.** 连接尾翼：尾翼和机身的连接是通过2个接口实现的。安装分为3个步骤进行。

尾翼接口

（1）将尾翼接口插入水平尾翼上的安装口，用502胶水黏合。注意接口榫头要和对应的卯口紧密贴合。

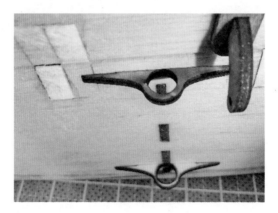

黏合接口

（2）将机身尾管穿过接口，尾管断面一定不能超过安定面。

机身尾管穿过接口

（3）调整尾翼位置。先把机翼用橡筋圈固定到机身上，注意机翼的中心线要和机身纵轴线重合。然后从机头方向往机尾观察，调整水平尾翼的横向轴线与机翼横向轴线平行后，用502胶水粘牢尾管和尾翼。

调整尾翼位置

**2.** 安装舵机。

（1）连接舵机和舵机测试仪，确定舵机中立点位置。舵机会有3根颜色不同的线，舵机插头中间的线是正极，颜色最深的是负极，颜色最浅的是信号线。接通电源后选择"neutral"，舵机就会处于中立位置。

舵机

（2）在通电状态下安装舵机单边摇臂，使摇臂和舵机侧面垂直并用螺丝固定摇臂。

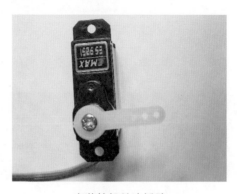

安装舵机单边摇臂

（3）在舵机上包裹一层纸胶带，然后将舵机嵌入机身板式前舱的舵机框内。用502胶水黏合舵机和机身。

舵机嵌入机身

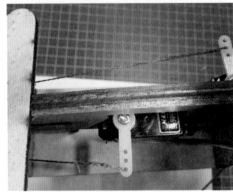

固定舵机

**3.** 采用单线加回弹装置的方式连接舵机与舵面。

（1）用大头针弯一个"Z"字形钩，长度为8毫米，缠上细棉线后用502胶水粘在安定面上。

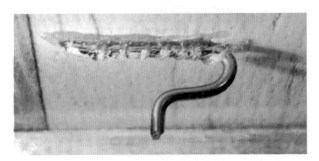

"Z"字形钩

（2）另取一大头针弯一个"8"字形、长度为8毫米的环，挂在舵面摇臂上。

"8"字形环

（3）用"大力马4号"钓鱼线系在舵面摇臂上，用夹子夹住舵面和安定面，拉紧线，把线的另一端穿过舵机摇臂最外侧的孔并系紧。松开夹子，在"Z"字钩和"8"字环之间连一个小号橡皮圈，舵机和舵面就连接完成了。

鱼线连接

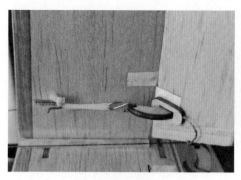

连接橡皮圈

舵机与舵面连接

**4.** 动力系统安装。

（1）用螺丝将电机固定在防火墙上，固定时，螺丝要拧紧，不能让电机松动。

固定电机

（2）连接电子调速器。无刷电机和电子调速器有3根线连接，通电后，面向电机前端观察电机的转动方向，应该是逆时针转动，如果发现是顺时针转动，只要改变电机和调速器的任意两根线的连接就能解决。在做这个步骤时切忌安装螺旋桨！

## 【活动结果评估】

模型总装工艺评估表

| 序号 | 项目 | 质量标准 | 完成情况 |
|------|------|----------|----------|
| 1 | 尾翼安装 | 1. 尾管不超出水平安定面 | |
| | | 2. 尾管与尾翼黏结牢固 | |
| | | 3. 水平尾翼和机翼横向轴线平行 | |
| 2 | 舵机安装 | 1. 中立点准确 | |
| | | 2. 摇臂与舵机侧面垂直 | |
| | | 3. 舵机与机身黏合牢固 | |
| 3 | 舵面连接 | 1. "Z"字钩位置与舵面摇臂高度相等 | |
| | | 2. "8"字环大小合适,无卡死现象 | |
| 4 | 电机安装 | 电机固定牢固 | |
| 5 | 调速器连接 | 电机转向正确 | |

# 10  飞行前检查

## 【背景知识】

航空模型的动力大致可以分为内燃机动力、电动动力、橡筋动力、压缩气体动力和火药动力。如今我们常见的航空模型都是采用电动动力驱动。

电动动力分为有刷电机和无刷电机两类,无刷电机又分内转子电机和外转子电机两类。航空模型大多采用外转子无刷电机。

无刷电动机具有可靠性高、无换向火花、机械噪声低、使用寿命长、维护简单、能量转换率高等优点。

动力系统由电机、电子调速器、电池和螺旋桨组成。

## 【活动前准备】

1. 活动材料

滑翔机模型素材。

2. 安全提示

在成年人的照看和帮助下进行插电操作；在空旷的户外场地检查和试飞滑翔机模型。

## 【活动步骤】

**1.** 检查所有的舵机、调速器等电子设备接线是否准确；插电前区分电池极性,避免误插造成设备损毁。

**2.** 检查上反角：机翼与机身的夹角要对称。

**3.** 检查尾力臂：左右翼尖到机身末端的距离要相等。

**4.** 检查重心：滑翔机模型的重心一般位于弦长35%的地方,在重心位置支起模型,观察姿态,通过增减配重的方法把模型的重心调整到预设的位置。

**5.** 手掷试飞观察滑翔性能,调整滑翔状态。

## 【延伸阅读】

手掷试飞的方法是：右手执机身(模型重心部位),高举过头,模型保持平正,机头向前正对风向下倾10°左右,沿机身方向以适当的速度将模型直线掷出,模型进入独立滑翔飞行状态。

出手后如模型直线小角度平稳滑翔属正常飞行,稍有转弯也属正常状态。遇有下列不正常的飞行姿态,就应进行调整,使模型达到正常的滑翔状态。

1. 波状飞行：滑翔轨迹起伏如波浪。一般称之为"头轻"即重心太靠后。这种说法虽正确但不够全面。实际上一切抬头力矩过大或低头力矩过小造成的迎角过大都会造成波状飞行。调整的方法有：① 重心前移(机头配重);② 减小机翼安装角;③ 加大水平尾翼安装角。

2. 俯冲：模型大角度下冲。一般叫"头重",这种说法也不够全面。一切抬头力矩过小或低头力矩过大造成的迎角过小都会造成模型俯冲。调整的方法有：① 重心后移（减少机头配重）；② 加大机翼安装角；③ 减小水平尾翼安装角。

3. 急转下冲：模型向左（或向右）急转弯下冲。原因是方向力矩不平衡或横侧力矩不平衡。具体原因多为机翼扭曲造成的左右升力不等或垂直尾翼纵向偏转形成的方向偏转力矩。机身左右弯曲的后果与垂直尾偏转相同，也可能造成急转下冲。调整的方法有：① 向转弯反向打方向舵；② 修正机翼扭曲。

盛　洁

# 光影游戏

## ▌ 光与影之诗

### 【背景知识】

光对于摄影来说,就如同氧气对于生命,摄影中如果没有光的参与,就像绘画时没有笔和颜料,一切艺术作品都不可能完成。因此,在摄影中利用好光、理解光的特质,就如同画家手握了一支最好的画笔。

摄影需要用到自然光源即太阳光(包括月光);还要用到人造光源,即各种照明灯,如 LED 灯、闪光灯等。采用自然光源要注意季节、时间和天气变化的特点;采用人工光源需注意其发光性质、光线的方向和光源的色调。

下面,我们通过活动的方式,来记录在不同场景内、不同光源下,光对摄影作品产生的不同效果。

### 【活动前准备】

1. 活动材料

影棚灯,几何模型,静物台,背景布,三脚架,相机。

### 【活动步骤】

**1.** 摆放模型。

**2.** 架好三脚架,按光位图中位置1调整光位。

**3.** 拍摄照片,并按活动报告记

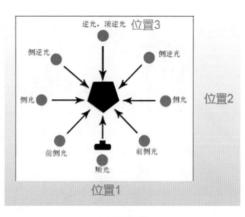

光位图

录参数。

**4.** 依次调整到光到位置2、位置3并拍摄。

**5.** 记录数据,形成活动报告。

| 活 动 报 告 | | | |
|---|---|---|---|
| 编号 | 图片(　　) | 图片(　　) | 图片(　　) |
| 拍摄参数 | 光位 _____<br>背景 _____ | 光位 _____<br>背景 _____ | 光位 _____<br>背景 _____ |
| 阴影部分与明亮面积比较 | | | |
| 总结: | | | |

## 【拍摄小技巧】

1. 选择干净背景,有利于清晰地分辨光源对拍摄物的影响。

2. 拍摄逆光时,光圈控制在4～7.1之间,光圈太大景深浅,光圈太小影响画质。

## 【延伸阅读】

请判断以下图片分别是什么方向的光源?

_____　　_____

# 2 窗边的小美好

## 【背景知识】

常常有同学抱怨室内拍摄人像的时候容易拍虚,这是因为室内光线不足导致的。光线昏暗时打闪光灯又显得效果生硬。怎么在室内拍一张美美的人像呢? 有个道具一定要用好,那就是——窗。利用窗口的侧面光,透过薄纱窗帘,你也可以拍出棒棒的人像作品。下面我们一起来记录窗边的小美好吧。

窗边人像照

## 【活动前准备】

1. 活动准备

纱帘,相机,三脚架,小道具。

2. 安全提示

选择高度安全的窗口进行拍摄。

## 【活动步骤】

**1.** 邀请模特如图示方向坐在窗边。

2. 架好三脚架,调整光位。

3. 根据下图所示,试着调整模特与窗口的距离。

4. 可以试试拉上纱帘的效果。

5. 拍摄照片,记录参数填写活动报告。

靠近窗口

与窗口位置适中

远离窗口

| 活 动 报 告 | | | |
|---|---|---|---|
| 编号 | 图片（　　　） | 图片（　　　） | 图片（　　　） |
| 拍摄参数 | 光位 _____<br>焦段 _____ | 背景 _____<br>光圈 _____ | |
| 变量(可选) | 不使用纱帘 | 不使用纱帘 | 使用纱帘 |
| 变量(可选) | 模特与窗口距离<br>_____ | 模特与窗口距离<br>_____ | 模特与窗口距离<br>_____ |
| 成像效果比较 | | | |
| 总结： | | | |

## 【拍摄小技巧】

当被摄者靠近窗口时,由于室内室外光线强度不同会造成比较强的光比。人物离窗口越近,明暗反差越大。可以通过调整距离及纱帘遮挡等方式来改变光比,表达细节,丰富层次。在窗边摄影时,模特脸部朝向也很重要,要避免阴阳脸的出现哦。

请在此贴上你的作品吧!

【延伸阅读】

如果把窗帘拉上,只留一条缝隙,被摄者立与光线照射到的地方,试试一束光的神奇效果吧!

# 3 逆光的树叶

【背景知识】

逆光就是光源在被摄景物的后方,摄影者的前方。由于从背面照明,遇到不透明物体时只能照亮被摄物体的轮廓,遇到半透明物体及透明物体时能呈现出特别的艺术效果。逆光是摄影师们很喜爱的光线哦!下面我们就试一试使用逆光拍摄半透明的植物。

逆光

【活动前准备】

1. 活动材料

静物台,背景纸,LED灯,树叶,模型小人,相机。

2. 安全提示

拍摄时注意灯光不要直射眼睛。

# 【活动步骤】

**1.** 架好静物台。

**2.** 选择背景纸,摆放树叶、模拟小人。

**3.** 如图示用LED等调整光位为逆光。

**4.** 拍摄照片,记录参数填写活动报告。

**5.** 改变模型及背景。

**6.** 拍摄照片,记录参数填写活动报告。

逆光拍摄

逆光摄影作品

| 活 动 报 告 | | |
|---|---|---|
| 编号　图片(　　) | 图片(　　) | 图片(　　) |
| 拍摄参数　光位 ＿＿＿＿＿＿＿　背景 ＿＿＿＿＿＿＿ | 光圈 ＿＿＿＿＿＿＿　快门 ＿＿＿＿＿＿＿ | |
| 变量　模型材质　＿＿＿＿＿＿＿ | 模型材质　＿＿＿＿＿＿＿ | 模型材质　＿＿＿＿＿＿＿ |
| 成像效果比较 | | |
| 总结: | | |

## 【拍摄小技巧】

当拍摄逆光剪影时,注意挑选造型感强的被摄对象。

逆光摄影作品

请在此贴上你的作品吧!

## 【延伸阅读】

逆光有正逆光、侧逆光、顶逆光三种形式。在逆光照明条件下,景物大部分处在阴影之中,只有被照明的景物轮廓,使这一景物区别于另一种景物,因此层次分明,能很好地表现大气透视效果,在拍摄全景和远景中,往往采用这种光线,使画面获得丰富的层次。逆光是拍摄剪影的好帮手。生活中还有哪些场景可以运用逆光来拍摄呢? 快去找一找拍一拍吧!

# 4　不做蒙面人

## 【背景知识】

在拍摄过程中,大家是否会遇到把人拍成"蒙面"的情况呢?这是什么原因呢?"黑脸"的出现,与摄影技术中的曝光技巧有关。当照相机对准拍摄物体时,相机中的测光系统开始工作,读取到亮背景时误判为光线过量,从而自动减少曝光量,在背景很亮的时候就容易出现黑脸的情况。我们可以通过曝光补偿按钮来调整曝光量,得到一张主体亮度合适的照片。

"蒙面"效果

## 【活动前准备】

1. 活动材料

三脚架,相机。

2. 安全提示

拍摄时不要对着太阳,避免伤害眼睛及相机感光元件。

## 【活动步骤】

**1.** 邀请模特背对着窗口。

调整参数

拍摄效果

**2.** 在模特对面架好三脚架,调整光位。

**3.** 拍摄一张照片,并按活动报告记录参数。

**4.** 调整参数:找到照相机上的曝光补偿 "+/−" 按键,转动拨盘为+1EV/+2EV。

**5.** 记录活动数据,形成活动报告。

| 活 动 报 告 | | | | | | |
|---|---|---|---|---|---|---|
| 编号 | 图片( ) | | 图片( ) | | 图片( ) | |
| 拍摄参数 | 光位 _____ | | 背景 _____ | | 焦段 _____ | |
| 变量 | 曝光补偿量 _____ | | 曝光补偿量 _____ | | 曝光补偿量 _____ | |
| 成像效果比较 | | | | | | |
| 总结: | | | | | | |

请在此贴上你的作品吧!

拍摄时还有哪些方法可以进行补光呢? 你能试试吗?

## 【拍摄小技巧】

遇亮(背景)则加。

## 【延伸阅读】

背景亮并不是都是坏事呢,有时候可以利用亮背景来拍摄美丽的逆光照片,所以不能一概而论。

拍摄时,遇到背景很暗的情况又会出现什么现象呢?同学们可以试试看哦!

逆光照片

# 5 动与静之间

## 【背景知识】

下面三张图中哪个电扇转的更快呢?

眼见不一定为实。通过摄影中的快门速度调整可以轻轻松松拍出不同的照片来哦!快门速度是摄影中常用的用于表达曝光时间的专门术语,即相机进行拍摄的时候快门保持开启状态的时间。除了能改变曝光外,快门速度还可以改变运动呈现的形式:高速的快门可用于凝固快速移动的物体,如在拍摄体育运动的时候;而慢速快门会使物体模糊,常用于营造艺术效果。

常用快门速度有：1/4 000秒、1/2 000秒、1/1 000秒、1/500秒、1/250秒、1/125秒、1/60秒、1/30秒、1/15秒、1/8秒、1/4秒、1/2秒、1秒等。

## 【活动前准备】

1. 活动材料

相机,电扇。

## 【活动步骤】

1. 打开相机电源。

2. 找到相机上的操作盘,找到快门优先模式。

3. 选择快门优先按钮s(或tv),通过转动拨盘改变快门速度(相机品牌及型号不同操作方式有所不同,请按照相机说明书操作)。

相机操作盘

选择快门优先档s(或TV)　通过拨盘/按钮/菜单,调节快门速度(不同机型调节方式稍有区别)

4. 感受快门释放时间,记录活动数据,形成活动报告。

5. 调整ISO为2 500以上(室内拍摄时光线比较暗,可通过调整感光度来获得足够光线)。

6. 电扇速度不变的情况下选择电扇作为主体。

7. 对焦要在主体上。

8. 调节快门速度,拍出电扇的不同转速。

**连一连**

  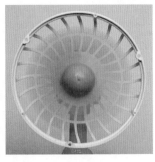

光圈值　f/18
曝光时间　1/100秒
ISO速度　ISO-2500

光圈值　f/4.5
曝光时间　1/1 600秒
ISO速度　ISO-2500

光圈值　f/8
曝光时间　1/500秒
ISO速度　ISO-2500

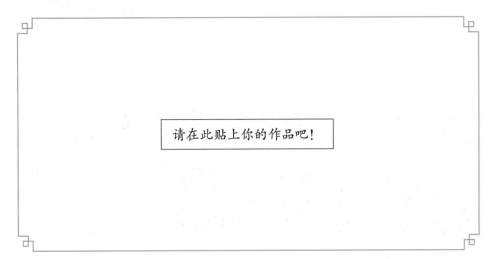

请在此贴上你的作品吧！

## 【拍摄小技巧】

　　快门是照相机控制曝光时间长短的装置。快门就好比窗帘,拉开的时间长,得到的光线就多;拉开的时间短,得到的光线就少。

## 【延伸阅读】

　　快门速度不变,加快风扇速度,此时要得到同样的图片效果应该怎么做?

# 6 漫天飞舞的"雪花"

## 【背景知识】

面对漫天飞舞的雪花,使人有一种心旷神怡的立体感。如果能将动感十足的雪花拍摄下来,将是一件非常惬意的事情。如何利用相机拍摄摇曳飞舞、动感十足的雪花场景呢? 下面我们用人工造雪的方式来尝试拍摄飞舞的雪花吧。利用快门速度的改变来捕捉"雪花"精灵。

## 【活动前准备】

### 1. 活动材料

影棚灯、深色背景板、白色A4纸、相机、三脚架、储物篮。

## 【活动步骤】

**1.** 制作"雪花",将白色A4纸撕成指甲大小的纸片,装在储物篮中。

**2.** 同模特和拍摄助手讨论拍摄动作(跳跃抛撒"雪花"或向空中抛撒"雪花")。

**3.** 架好三脚架,调整光位为前侧光。

**4.** 按设计内容设定相机参数(相机焦段、光圈、连拍、快门速度、ISO等)。

**5.** 模特站位(站在深色背景前)。

**6.** 助手站位及撒纸准备(助手1站在模特前侧,以不挡住灯光

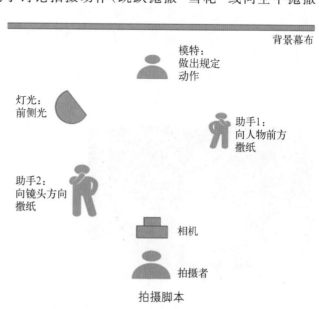

背景幕布

模特:
做出规定
动作

灯光:
前侧光

助手1:
向人物前方
撒纸

助手2:
向镜头方向
撒纸

相机

拍摄者

拍摄脚本

为宜。助手2站在相机前侧,以不挡住模特及镜头为宜)。

**7.** 设定拍摄口令:口令1,所有人进入准备状态;口令2,助手撒纸,模特做出规定动作;口令3,拍摄者按下快门。

**8.** 记录活动数据,形成活动报告。

光位:前侧光
背景:深色背景
焦段:35毫米
光圈:F4
快门:1/100秒
ISO:自动(640)

光位:前侧光
背景:深色背景
焦段:35毫米
光圈:F4
快门:1/500秒
ISO:自动(3000)

| 漫天飞舞的"雪花"活动报告 | | |
|---|---|---|
| **编号** | 图片( ) | 图片( ) | 图片( ) |
| **拍摄参数** | 光位 _____<br>背景 _____<br>焦段 _____<br>ISO _____<br>光圈 _____ | 光位 _____<br>背景 _____<br>焦段 _____<br>ISO _____<br>光圈 _____ | 光位 _____<br>背景 _____<br>焦段 _____<br>ISO _____<br>光圈 _____ |
| **变量** | 快门速度 _____ | 快门速度 _____ | 快门速度 _____ |
| **成像效果比较** | | | |
| **总结:** | | | |

雪花效果

请在此贴上你的作品吧!

## 【拍摄小技巧】

1. 选择深色背景。

2. 快门速度大于等于1/500秒,能凝固住空中飘舞的雪花片;如果快门速度小于等于1/100秒,能拍出下落的线条。

3. 使用连拍功能。

4. 距离相机较近的雪花成像较大。

5. 通过"逆光"或"侧光"的方式来拍摄雪花,这样可以充分利用雪花对光线的反射作用来提高雪花与背景的对比度。

## 【延伸阅读】

在拍摄自然界的雪花时,你可能不会每次都能遇到鹅毛大雪,这个时候可能就要使用慢速快门了。除此以外,还可以试试闪光灯哦!大白天的为什么要开闪光灯呢? 哈哈,这是巧妙的用法。打开闪光灯拍雪花有两个好处:一、闪光灯会照亮近处的雪花,让雪花变得更加耀眼;二、闪光灯的照射距离有限,近处被照亮了但远处还是原来的亮度,照片里看上去背景会暗淡许多,从而巧妙地达到深色背景的效果。

# 7 不可思议的画面

## 【背景知识】

强行透视是一种运用视错觉的技术。它可以使物体看上去比实际更远、更近、更大或是更小。下面我们要尝试的摄影方法就是"强行透视摄影"。取景角度选得好不仅能让我们的照片更吸引眼球,还可以创造出很多神奇效果!先一起看看这些构思奇特、角度巧妙的摄影作品吧。

图片中有一部分人物特别小,与周围的巨人、巨物形成了鲜明的对比。让我们一起来创造不可思议的画面吧!

视错觉效果1

视错觉效果2

选择合适的背景

## 【活动前准备】

1. 活动材料：模型，相机，模特。

## 【活动步骤】

1. 与模特一起设计拍摄情节，准备道具。

2. 选择背景，让模特与道具之间的距离尽量远一些。

选择要组合拍摄的模特/道具

让被摄组合到适当的位置，两者间距离尽量远

3. 按设计内容调整构图。

按设计内容调整构图                    最终作品

4. 对焦、按下快门,拍摄完成。

5. 记录活动数据,形成活动报告。

| | 活　动　报　告 | | |
|---|---|---|---|
| 编号 | 图片(　　) | 图片(　　) | 图片(　　) |
| 拍摄参数 | 背景 _____ 主体及参照物: _____ | | |
| 变量 | 光圈 _____ | 光圈 _____ | 光圈 _____ |
| 效果 | | | |
| 总结: | | | |

请在此贴上你的作品吧!

## 【拍摄小技巧】

问题：镜头靠近被摄物体对不上焦。

原因：超出了相机最近的对焦距离。

解决方法：1. 选用较小的光圈拍摄，如F8/F11等。

2. 适当拉开镜头与前景间的距离。

## 【原理解析】

利用近大远小的透视原理，加上合理恰当的借位，就可以拍出有趣的画面啦！

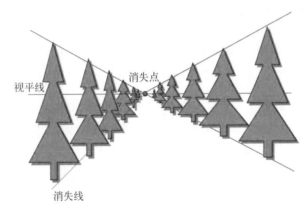

透视原理

## 【延伸阅读】

强行透视技术通过调整不同比例的物体之间的联系以及观测者或相机的视角来使人产生视错觉。它主要运用于摄影、摄像和建筑学。

以太阳为题，运用"强行透视摄影"，你可以想到多少种创意呢？

# 8 影之分身术

## 【背景知识】

全景照片，就是具备超过普通镜头拍摄视角的照片。通过多张照片的拼接合成来实现。对于手机来说,通常都具备全景扫描模式,按一次快门,转一转手机,就获得了极为宽广的画面。利用手机或相机中的"全景模式",除了拍摄风景照片外还可以拍摄人物复制的全景照片。掌握了全景拍摄技术,就像学会了"分身术"呢!

"分身术"

## 【活动前准备】

1. 活动材料

带"全景模式"的手机或者相机。

## 【活动步骤】

**1.** 将手机或数码相机,切换到全景拍摄模式。

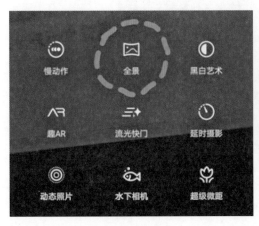

切换全景模式

开始拍摄

**2.** 让拍摄对象摆好第一个姿势。

第一个姿势

**3.** 按下快门按钮,沿提示拍摄线缓慢移动手机或数码相机,直到被摄者出了镜头画面。

移动镜头

**4.** 被摄者从摄影者后方绕到镜头前方,注意此时不要入画。

**5.** 等拍摄对象摆好第二个姿势,再继续移动相机。

第二个姿势

**6.** 可重复上述步骤,把握好移动时间,完成拍摄。

最终效果

## 【拍摄小技巧】

1. 可以借助三脚架等工具,保持画面稳定性;
2. 模特去往下个地点时应从相机镜头的背后绕过去避免入镜。

## 【延伸阅读】

多次曝光技术可以在一幅胶片上拍摄几个影像,让一个被摄物体在画面中出现多次,可以拍摄出魔术般无中生有的效果,这也正是它的独具魅力之处,所以才吸引了很多人使用这种技法。由于其中各次曝光的参数不同,因此得到的照片会产生独特的视觉效果。

谢 昊

# 创意美术

## ┃ 鹿

【背景知识】

鹿是一种聪明、善良的动物。鹿的种类很多,四肢细长,尾巴短,听觉和嗅觉都很灵敏。今天我们一起走近鹿的王国,感受鹿的习性,观察鹿的特征。

鹿,属哺乳纲、偶蹄目、鹿科,马身羊尾,头窄,脚高但跑动迅速。雄性有角,夏至则分开,大的像小马,黄底白花。雌性没有角,小而没有斑,毛杂有黄白色。鹿体型大小不一,大多生活在森林中,以树芽和树叶为食。鹿角为随年龄的增长而长大。鹿分布在亚欧大陆的大部分地区及美洲。

【活动前准备】

1. 活动材料

高白泥,泥浆,旧报纸,泥塑工具,陶瓷颜料。

【活动步骤】

**1.** 将高白泥搓成圆球,在泥球里塞柔软的旧报纸。

 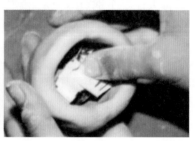

搓圆球 放入旧报纸

**2.** 将泥球复原后一头搓成鹿头。

鹿头

**3.** 用泥片及泥球贴出鹿的耳朵与鼻子,并搓泥条做鹿的前肢。

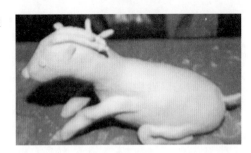

耳朵

鼻子

前肢

**4.** 阴干然交专业的老师上釉烧制。

完成造型

## 【制作技巧】

制作鹿的身体时,可以搓成很粗的泥条,中间戳空后塑造,背部的环纹与斑点可以用泥条、泥点拼合,头部与四肢的刻画要生动。

美丽的茸角是雄鹿的特征,一只雄鹿一般仅有一对树枝状的、实心分叉的角,并以此吸引雌鹿。制作雄鹿的茸角时,要注意细节的刻画。

## 【延伸阅读】

鹿过了繁殖季节,角便自下面毛口处脱落,第二年又从额骨上面的一对梗节上面的毛口处生出,初长出的角叫茸,外面包着皮肤,有毛,有血管大量供血,分权;随着角的长大,供血即逐渐减少,外皮遂干枯脱落。1～2岁的鹿生出的初角几乎是直的,以后角的分权逐年增多,到成年后定型。

# 2 神秘海洋

## 【背景知识】

海洋是地球上最广阔的水体的总称,地球表面被各大陆地分隔为彼此相通的广大水域称为海洋。海洋的总面积约为3.6亿平方千米,约占地球表面积的71%,平均水深约3 795米。海洋中含有13.5亿立方千米的水,约占地球上总水量的97%。地球上四个主要的大洋为太平洋、大西洋、印度洋、北冰洋,大部分以陆地和海底地形线为界。到目前为止,人类已探索的海底区域只占海底世界的5%,还有95%的海底区域是未知的。

经过几十年来海洋科技工作者的调查研究,已在我国管辖海域记录到了20 279种海洋生物,这些海洋生物属于5个生物界、44个生物门。我国的海洋生物种类约占全世界海洋生物总种数的10%,数量占50%。我国海域的海洋生物,按照分布情况大致可以分为水域海洋生物和滩涂海洋生物两大类。在水域海洋生物中,鱼类、头足类(例如我们常吃的乌贼,也叫墨鱼)和虾、蟹类是最主要的海洋生物。

## 【活动前准备】

1. 活动材料

马克笔,卡纸,剪刀,双面胶,滚筒,水粉颜料。

2. 安全提示

在成年人的照看和帮助下使用剪刀。

## 【活动步骤】

**1.** 画出海底生物的造型。

画动物造型

**2.** 将动物沿外轮廓剪下,并在背面贴上双面胶。

剪下动物轮廓　　　　　　　　　　　　贴双面胶

**3.** 用水粉颜料滚上第一层颜色。

涂第一层颜色

**4.** 贴上第二层动物后再滚上一层颜色,依此类推完成作品。

涂第二层颜色

完成作品

## 【延伸阅读】

　　全世界的科学家目前正在进行一项空前的合作计划,为所有的海洋生物进行鉴定和编写名录。海洋里到底有多少种生物?一项综合全球海域数据的调查报告出炉了。目前已经登记的海洋鱼类有15 304种,最终预计海洋鱼类大约有2万种。而目前已知的海洋生物有21万种,预计实际的数量则在这个数字的10倍以上,即210万种。

# 3　城市大厦

## 【背景知识】

　　随着城市化进程的不断推进,造型各异的摩天大楼组成的"天际线",成为一座又一座现代城市的标志。高楼大厦除了具有商用、居住等实用价值，还具有一定的艺术性与美观性。高楼大厦的设计体现了设计者的创意，是建筑美学的忠实演绎。本活动是通过对圆柱体、立方体、棱锥等进行切挖以及组合等构成建筑模型，快来发挥你的想象，做个小小建筑设计师吧。

## 【活动前准备】

1. 活动材料

卡纸，剪刀，双面胶，硬纸板，塑形膏，螺丝等。

2. 安全提示

在成年人的照看和帮助下使用剪刀。

## 【活动步骤】

**1.** 对卡纸进行裁剪，可以做出圆柱体、立方体、圆柱体、棱锥等，完成大厦基础造型。

**2.** 将剪出的基本形体进行创意组合，形成新的形体。

**3.** 运用对卡纸切割和折叠手法在大厦模型表面增加门窗等，营造立体效果。

**4.** 在硬纸板上涂上塑形膏，插上大厦模型以及各种零件。

涂塑形膏

插上零件

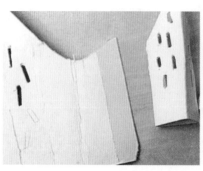

制作大厦模型

完成作品

## 【延伸阅读】

建筑设计是指建筑物在建造之前，设计者按照建设任务，把施工过程和使用过程中所存在的或可能发生的问题，事先作好通盘的设想，拟定好解决这些问题的办法、方案，用图纸和文件表达出来。作为备料、施工组织工作和各工种在制作、建造工作中互相配合协作的共同依据。便于整个工程得以在预定的投资限额范围内，按照周密考虑的预定方案，统一步调，顺利进行，并使建成的建筑物充分满足使用者和社会所期望的各种要求及用途。

# 4 中国园林建筑

## 【背景知识】

中国的园林建筑历史悠久，在世界园林史上享有盛名。在 3 000 年前的周朝，中国就有了最早的宫廷园林。此后，中国的都城和地方著名城市无不建造园林。中国城市园林丰富多彩，在世界三大园林体系中占有光辉的地位。

园林建筑是建造在园林和城市绿化地段内供人们游憩或观赏用的建筑物，常见的有亭、榭、廊、阁、轩、楼、台、舫、厅堂等建筑物。园林建筑以山水为主的中国园林风格独特，布局灵活多变，将人工美与自然美融为一体，形成巧夺天工的奇异效果。这些园林建筑源于自然而高于自然，隐建筑物于山水之中，将自然美提升到更高的境界。

## 【活动前准备】

1. 活动材料

卡纸，剪刀，水彩笔，双面胶。

2. 安全提示

在成年人的照看和帮助下使用剪刀。

## 【活动步骤】

**1.** 取两张卡纸,分别将卡纸对折,将其中一张卡纸剪开并做出立体框架。

卡纸对折

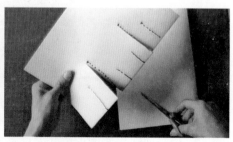

裁剪

反折出立体框架

**2.** 在裁剪的边缘处贴上双面胶,并将两张卡纸粘贴在一起。

贴双面胶

粘贴两张卡纸

**3.** 在制作成立体效果的卡纸上画上中式建筑物及背景。

**4.** 用双面胶将画好的房顶粘贴在立体框架的上缘,然后摊平卡纸,用水彩笔描绘细节。

粘贴房顶

**5.** 描绘建筑里层的构造并为背景和建筑物涂色。

涂色

**6.** 在立体视角下,细节描绘远、中、近景的层次。

完成作品

【延伸阅读】

### 欧洲园林的特点

1. 欧洲园林的整体布局服从建筑的构图原则,并以此建筑物为基准,确立园林的主轴线。经主轴再划分出相对应的副轴线,置以宽阔的林荫道、花坛、水池、喷泉雕塑等。

2. 园林整体布局呈现严格的几何图形。园路处理成笔直的通道,在道路交叉处处理成小广场形式,点状分布具有几何造型的水池、喷泉等;园林树木则精心修剪成锥形、球形、圆柱形等,草坪、花圃必须以严格的几何图案栽植、修剪。

3. 大面积草坪处理。园林中种植大面积草坪具有室外地毯的美誉。

4. 追求整体布局的对称性。建筑、水池、草坪、花坛等的布局无一不讲究整体性,并以几何的比例关系组合达到数的和谐。

5. 追求形式与写实。欧洲人的审美意识与中国人的审美意识有着截然的不同,欧洲人认为艺术的真谛和价值在于将自然真实地表现出来,事物的美"完全建立在各部之间神圣的比例关系上"。

# 5 从无到有的色彩

【背景知识】

在人类发展的过程中,色彩始终焕发着神奇的魅力。人们不仅发现、观察、创造、欣赏着绚丽缤纷的色彩世界,还通过日久天长的时代变迁不断深化对色彩的认识和运用。人们对色彩的认识、运用过程是从感性升华到理性的过程。所谓理性色彩,就是借助人所独具的判断、推理、演绎等抽象思维能力,将从大自然中直接感受到的纷繁复杂的色彩印象予以规律性的揭示,从而形成色彩的理论和法则,并运用于色彩实践。

光线照射到物体上以后,会产生吸收、反射、透射等现象。而且,各种物体都具有选择性地吸收、反射、透射色光的特性。

## 【活动前准备】

1. 活动材料

卡纸,美工刀,直尺,玻璃胶,透明胶带,透明胶片,马克笔,水彩笔。

2. 安全提示

在成年人的照看和帮助下使用美工刀,小心割伤。

## 【活动步骤】

**1.** 取一张卡纸,折成三折。

卡纸折三折

**2.** 用直尺比照位置,用美工刀在三折卡纸的中间一页镂空裁出一个方框。

裁出方框

**3.** 用透明胶带粘贴卡纸边缘,形成一个带画框的纸套。

胶带粘贴

**4.** 另取一张卡纸,用美工刀裁成可以放进纸套的大小。

裁切卡纸

**5.** 在卡纸上画出线稿。

画线稿

6. 将透明胶片附在卡纸上描出线稿,并将透明胶片与卡纸重叠,一头黏合。

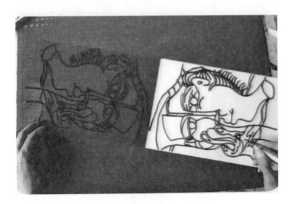

描线稿

7. 在卡纸上涂出色彩,将透明胶片塞入卡纸框里,有色彩的画面留在卡纸框外进行来回抽动。

涂色                    完成作品

8. 注意在涂色的时候不要把线稿盖住,并尽可能用对比强烈的色彩。

## 【延伸阅读】

人眼中的视锥细胞和视杆细胞都能感受颜色,一般人眼中有三种不同的视锥细胞:第一种主要感受黄绿色,它的最敏感点在565纳米左右;第二种主要感受绿色,它的最敏感点在535纳米左右;第三种主要感受蓝紫色,其最敏感点在420纳米左右。视杆细胞只有一种,它最敏感的颜色波长在蓝色和绿色之间。

# 6 变 脸

## 【背景知识】

看立体电影时,观众佩戴一副特殊的眼镜,便有身临其境的感觉。这种眼镜的作用就是使两台摄影机拍摄的视差图像分别进入人的左右眼。光栅立体画和立体电影一样,只是用光栅代替眼镜,让画面产生立体的效果。光栅立体画主要由光栅和抽样图两个部分构成,抽样图是由两幅以上的视差图像按一定规则合成的特殊图像,光栅可使视差图像分离,两者连接装配形成一幅立体画。人们在观察这种图片时,可以在一个平面内直接看到一幅三维立体图,画中事物既可以凸出于画面之外,也可以深藏其中,活灵活现、栩栩如生,甚至可以有动画出现,给人们很强的视觉冲击力。

## 【活动前准备】

1. 活动材料

卡纸,水彩笔,墙角木线条,美工刀,硬纸板,胶水。

2. 安全提示

在成年人的照看和帮助下使用美工刀,小心割伤。

## 【活动步骤】

**1.** 在卡纸上用水彩笔画出两幅不同的人物表情。

**2.** 将墙角木线条裁切成多段,将两幅画裁成与木条一样宽的纸条。

**3.** 将裁成纸条的画,交替用双面胶分别粘贴于木线条的两侧。

**4.** 将木线条的底面用双面胶贴于底板上。

绘画

裁切木条

裁切画作

粘贴画条

粘贴完成

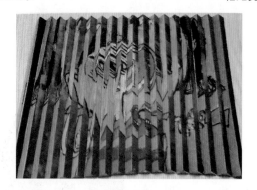

固定木条

## 【延伸阅读】

目前数码立体图片主要有以下几种：

1. 2D类：如变幻、缩放、旋转、动画等，常用于广告、节日装饰、日历、文具、明信片、促销产品、名片等。

2. 3D立体类：通过图片编辑软件或立体分层软件，制出图片后再覆上光栅，使其产生前、中、后的空间距离，各图层呈片层结构，是一种仿立体的效果。主要应用于婚纱照片、儿童照片。

3. 面转立体类：使用平面转立体软件，运用分层插值的边缘增强处理技术，使每个图层的边缘在深度上连续过渡，消除了假立体分层时主体、前景、背景的片状感觉，制作出轮廓圆滑过渡、厚实的立体画面，几乎能做到立体照相机拍摄的效果。

4. 综合效果类：综合效果类是立体的高级创作手段，它是将立体的2D、3D效果，立体摄影等表现手段穿插运用于一身，设计人员可根据自己丰富的想象力，创造出千变万化的立体效果。

# 7 太空神州

## 【背景知识】

自第一颗人造卫星成功发射后，在短短半个多世纪的时间里，人类对太空的探索已取得了飞速发展。从人造卫星的应用到星际探索，从月球探险到火星、土星勘探计划再到彗星"深度撞击"。截至2018年底，世界各国共进行了航天发射五千多次，把各类航天器送入太空。

航天器，亦称空间飞行器、太空飞行器，是在绕地球轨道或外层空间按受控飞行路线运行的飞行器，包括发射航天飞行器的火箭、人造卫星、空间探测器、宇宙飞船、航天飞机和各种空间站。"神舟"系列飞船是我国自主研制的载人飞船，采用"三舱一段"构型，即由轨道舱、返回舱、推进舱和附加段构成，推进舱和轨道舱上各有一对太阳能帆板。推进舱在飞船的最下部、返回舱在中间，轨道舱在上部，附加段在飞船的最顶端。

## 【活动前准备】

### 1. 活动材料

白色卡纸，勾线笔，彩色铅笔，剪刀，黑色卡纸，油画棒，双面胶。

## 【活动步骤】

**1.** 在白色卡纸上画出卫星、飞船、空间站,然后用彩色铅笔色彩。

**2.** 用剪刀将画好的卫星、飞船、空间站等沿边缘裁剪下。

**3.** 在黑色卡纸底板上用油画棒绘制出茫茫太空中的各种星系。

**4.** 将剪好的卫星、飞船、空间站按照近大远小的疏密结合变化用双面胶粘贴在绘制好的太空底板上。

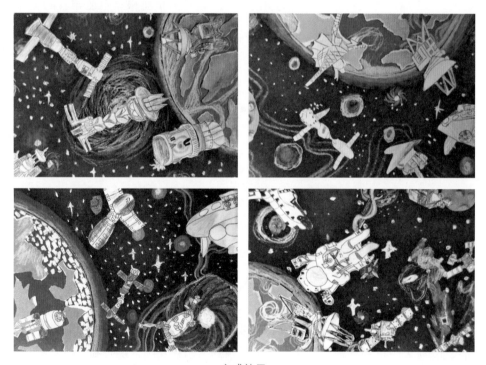

完成效果

## 【延伸阅读】

"火箭"最早的含义是"带火的箭",出现在三国时期。火药发明后,宋代兵家打仗时,就把火药桶绑在箭杆上,点燃引信后,靠火药喷火产生的反作用力使箭飞得更远,这种火箭已具有了现代火箭的雏形。

20世纪初,俄国著名科学家康斯坦丁·齐奥尔科夫斯基从理论上证明了多级火箭可以克服地球引力而进入太空,并建立了火箭运动的基本数学方程,奠定了航天飞行动力学的基础。

# 8 机械城市

## 【背景知识】

管道,用管子、管子连接件和阀门等连接成的用于输送气体、液体或带固体颗粒的流体的装置。每一座城市的地下,都遍布着无数的管道,通过它们的来运输天然气、净水和废水,以及电路等。可以说管道连接着在城市的每一部分。

## 【活动前准备】

### 1. 活动材料

记号笔,8开白卡纸,彩笔,油画棒。

## 【活动步骤】

**1.** 用记号笔在白色卡纸上绘制出建筑物的轮廓。

**2.** 画出管道,连接每一个建筑物,并表现出管道的连接方法。

绘制轮廓　　　　　　　　　　　　连接管道

**3.** 添加画面的背景,表现机械城市的场景。

**4.** 对画面进行涂色,通过色彩渐变表现亮部、暗部及高光来表现管道的体积感。

添加背景                    完成作品

## 【知识问答】

你知道管道有哪些连接方法吗？

常用的管道连接方法有螺纹连接、法兰连接、焊接、沟槽连接（卡箍连接）、卡套式连接、卡压连接、热熔连接、承插连接等。不同管道的材质、用途，需采用不同的连接方法，以保证管道的流通性。

## 【延伸阅读】

城市地下管线是城市基础设施的重要组成部分，它如同人体的经脉，构成城市的神经和循环系统，日夜担负着各种能源的输送、各种信息的传输以及各种废污的排放。任何一个城市均离不开地下管线这一重要的、隐蔽的基础设施，它是城市赖以生存和发展的物质基础，被称为城市的生命线。

陆　蔚　金朋珏

# 创新思维训练

## ▌ 你为什么不去上学？

【背景知识】

　　语言题是头脑奥林匹克活动中即兴题的一种，题目要求队伍成员以小组形式，在规定时间内轮流通过语言表述回答给出的问题，并根据表述的精彩程度，获得分数。这类题目对学生的创新思维有较高的要求，需要学生打破固有思维模式，异想天开奇思妙想来获取更多的分值。

　　下面活动是围绕着学生在学校期间经常可能被问及的一个问题展开，在传统思维模式中，这类问题甚至被归类于学生逃避上学的借口，但在本道题的解答过程中，正需要学生跳出惯性思维，从而为队伍争取到更多分数。

【活动前准备】

　　1. 活动分组

　　以5～7人为一组进行活动。

【活动步骤】

　　**1.** 目标：以小组为单位，轮流回答"你为什么不去上学？"这一问题。

　　**2.** 挑战要求：

　　（1）每个队伍有5分钟时间思考。

　　（2）每个队伍有5分钟时间作答，作答期间队员间不可以交流。

　　（3）普通答案得1分，创造性答案视展示情况获得2～3分。

　　（4）不可以重复回答相似的答案，也不可以轮空，如果回答不出，比赛就会耽搁，直至作答时间用完。

## 【活动要点】

1. 合理利用思考时间，尽可能多想一些答案，并在其中筛选出创造性答案和普通答案。

2. 尽可能在不重复的情况下先将创造性答案回答完毕。

3. 如果遇到预先设想好的答案被对方队伍提前说出，及时选择改变答案来节省时间和保存分数。

此处列举几种创造性答案的例子：

1. 突发事故但又存在现实可能性：学校发生了传染病，地震停课等。

2. 超越现实的奇思妙想：我被外星人绑架了无法回到地球，我穿越回到了古代。

3. 跳出思维框架：我已经工作了不需要上学，今天星期六不需要上学。

## 【延伸阅读】

"你为什么不去上学？"这个问题新奇好玩，适合初次接触头脑奥林匹克活动的学生，常常能够很快地吸引学生的兴趣，也最能激发学生的奇思妙想。这个问题和学生的日常生活所贴近，在学校遇到这个问题常常被指责为逃避、找借口等，也会有很多条条框框来限制学生的创造性思维，但在开展头脑奥林匹克活动的过程中，正需要学生跳出惯性思维，尽可能地给出多种"不可能"的回答。

此类语言题的问题只是一种形式，可以根据具体情境进行调整改变，如周末可以问"为什么周末还要上学？"遇到雨天可以问"为什么下雨天我也必须要出门？"可以根据情况举一反三、随时调整，不断训练从而更加熟悉，自我判断什么样的答案可以获取更多的分数。

# 2　如意纸棍

## 【背景知识】

纸是用植物纤维制造、能任意折叠、可用来书写的非编制物。纸可以折成任何造型,可塑性非常强,同时它具有一定的韧性,可承受外力,是做支撑结构的良好材料。

纸是一种具备多种功能材料,但受制于纸的尺寸,通常它的作用会被低估。一张A4纸的长边为29.7厘米,那怎样才能让一张A4纸变成60厘米长?今天我们就来学习用一张A4纸,制作一根能够直立且长度为60厘米的纸棍。

## 【活动前准备】

### 1. 活动材料

A4纸。

### 2. 安全提示

纸张边缘锋利,折纸时不要划伤手。

## 【活动步骤】

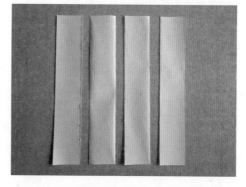

**1.** 根据A4纸的长边长(29.7厘米),估算制作60厘米的纸棍大概需要将A4纸撕成几条。

**2.** 将A4纸沿长边对折两次,将折痕压实,沿着折痕小心地将纸撕成大小相等的4条纸片。

撕出纸条

**3.** 将一条纸片以竖直方向偏微小角度进行翻卷,翻卷时应当尽可能卷细,如果纸棍短而粗,可以在翻卷过程中向下拉伸,进行调整。

竖直翻卷

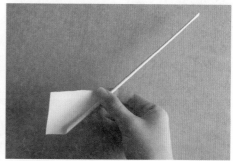

卷成纸棍

**4.** 当第一条纸棍卷至末尾时，留下些许部分与第二张纸片首部插嵌重叠，继续进行翻卷，使第二条纸片延续第一条纸片卷成的纸棍。第三、第四条纸片以此类推，进行插嵌翻卷。

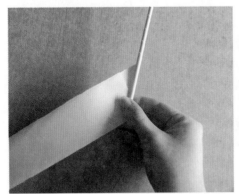

插嵌连接

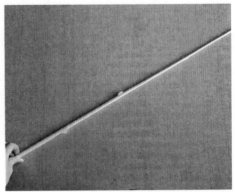

继续翻卷

**5.** 最后一条纸片翻卷至末端后，将末端一小部分对折，给纸棍收尾。

末端对折

制作完成

## 【制作技巧】

1. 4条纸片是制作纸棍的基础，如果纸撕得不平整，将直接导致纸棍制作失败。

2. 纸棍尽量卷得越细越好，一方面可以防止纸棍松散，另一方面可以提升纸棍的结实程度。

3. 纸条之间插嵌的好坏决定了纸棍的整体紧实度，并且在翻卷过程中，随着纸棍长度越来越长,应尽量注意不将纸棍折弯,确保后续的翻卷能正常进行。

## 【延伸阅读】

A4纸是由国际标准化组织的ISO 216定义的,规格为21厘米×29.7厘米,世界上多数国家所使用的纸张尺寸都是采用这一国际标准。

为什么叫A4纸呢? ISO 216定义了A、B、C三组纸张尺寸,A组纸张尺寸的长宽比都是 $\sqrt{2}$:1,然后舍去最接近的毫米值。A0纸是指面积为1平方米,长宽比为 $\sqrt{2}$:1的纸张。接下来的A1、A2、A3等纸张尺寸,都是定义成将编号少一号的纸张沿着长边对折,然后舍去到最接近的毫米值。所以A4纸的尺寸就是210毫米×297毫米,对角线长度为364毫米。

# 3  最大三角

## 【背景知识】

三角形是几何图案的基本图形,是由不在同一直线上的三条线段首尾顺次连接所组成的封闭图形。平面上三条直线所围成的图形叫平面三角形,三条弧线所围成的图形叫球面三角形,也叫三边形。

一张A4纸最大可以做一个多大的三角形呢? 下面我们就来试一试。

## 【活动前准备】

1. 活动材料

A4纸,剪刀。

2. 安全提示

在成年人的照看和帮助下使用剪刀。

## 【活动步骤】

**1.** 将A4纸沿长边对折,再将折痕处折向开口处,距离开口处1厘米。

A4纸对折

距离开口处1厘米

**2.** 用剪刀沿短边将四折处剪断,两折处不要剪断,以此类推,将整张纸剪完。

剪断四折处

剪纸完成

**3.** 将剪好的纸张打开,A长边在奇数连接处撕开,B长边在偶数连接处撕开。

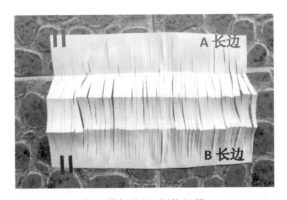

打开剪好的纸,制作纸绳

**4.** 将纸绳拉开,分成三段相同长度的纸绳,拼成一个等边三角形。

拉开纸绳,拼三角形

## 【原理解析】

A4纸制作不要求硬度的长结构,最常用的方法就是制作纸绳。一张A4纸在1分钟内可以撕成一条长约3米的纸绳,用剪刀加工的纸绳大约可以长6到7米。我们可以制作3条相同长度的纸绳,然后将3条纸绳作为三角形的三条边,这样就得到最大的三角形了。

## 【延伸阅读】

现在,来谈一谈周长固定三角形面积的问题。有一根长度固定为$L$的绳子,现在要围成一个三角形,问:什么样的三角形面积才是最大的?

关于三角形的定理不多,三角形三边关系定理:三角形两边之和大于第三边;三角形内角和定理:三角形三个内角的和等于180°。还有个推论:三角形两边之差小于第三边。

设三角形周长为$2P$(定值),三角形的三边分别为$a$、$b$、$c$,$P=(a+b+c)/2$,由海伦公式得,三角形面积$S=\sqrt{P(P-a)(P-b)(P-c)}$,

因为$(P-a)+(P-b)+(P-c)=3P-2P=P$为定值,

所以当且仅当$P-a=P-b=P-c$,即$a=b=c$时,

$(P-a)(P-b)(P-c)$值最大。

由此可以看出在平面内三角形周长固定时,正三角形的面积最大。

# 4 吸管高塔

## 【背景知识】

上海的大厦越来越多,从最早的和平饭店到后来的东方明珠、金茂大厦、环球金融中心,再到现在的上海中心,不断刷新亚洲甚至世界的高度。其中最为国人骄傲的就是上海中心,共有118层,总高度达到了632米。

今天我们就用牙签和吸管,搭建一座高度超过30厘米的"大厦"。

## 【活动前准备】

### 1. 活动材料

牙签,吸管,米尺。

### 2. 安全提示

在吸管上插入牙签的时候,可别误伤了自己的手指。

## 【活动步骤】

### 方法一：吸管底座

我们用牙签将3根吸管两两连接起来,这样吸管就围成了一个三角形的底座。而且吸管之间的距离被固定了,形成了一个坚固的底。最后将第四根吸管与其中任意一根吸管连接,我们的"大厦"就搭建完成啦!

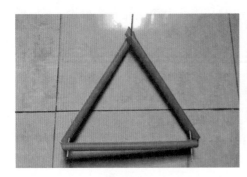

连接底座

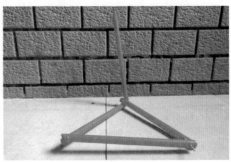

完成作品1

**方法二：十字底座**

将两根吸管交叉成"十字"，以一根牙签固定作为底座。另两根连接起来后套在刚才的牙签上，"大厦"就完成了！

交叉连接　　　　　　　　　　　完成作品2

**方法三：牙签底座**

将3跟牙签斜向插入一根吸管，形成一个三角形的底座，其余吸管连接起来后再与有牙签底座的吸管连接。

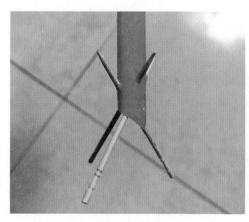

制作三角形底座　　　　　　　　完成作品3

【**活动结果**】

经测量发现，一根吸管的长度约18厘米，两根吸管连接起来就能超过30厘米。想要让吸管站立起来，需要一个稳固的底座，有了牙签一切都方便了。站稳一个结构至少需要3个接触点,在制作底座的时候,最重要的是要保证3个接触点都在同一水平面上,底座质量占整体结构质量的比重越大,结构越稳固。在三角形吸管底座中,用了3根吸管来制作底座,虽然稳固,但显然高度不够。在十字底座中,成功竖起了2根吸管,达到目标。而牙签底座虽然制作难度有所提升,但是能够立起4根吸管,高度远远超出30厘米的要求,超额完成任务!

## 【延伸阅读】

三角形是所有形状中最稳定的结构,因为三角形的每个边只对着一个角,并且边的长度决定了角的开度(也就是大小)。想想看,任何多于3条边的多边形,一条边对应的角度有两个以上吧?两个以上的角由一条边决定的话,只要保证两个以上的角的和不变就行了,所以可以发生扭曲和变形,因此是不稳定的,结论就是:三角形最稳固!

# 5 搭建高塔

## 【背景知识】

哈利法塔始建于2004年,当地时间2010年1月4日晚,迪拜酋长穆罕默德·本·拉希德·阿勒马克图姆揭开被称为“世界第一高楼”的“迪拜塔”纪念碑上的帷幕,宣告这座建筑正式落成,并将其更名为“哈利法塔”。哈利法塔楼面俯视为“Y”字形,并由3个建筑部分逐渐连贯成一核心体,从沙漠上升,以上螺旋的模式,减少大楼的剖面使它更加直向天际。中央核心逐转化成尖塔,Y字形的楼面也使得哈利法塔有较大的视野享受。

下面我们通过不同的材料组合,搭建一座高度超过60厘米的“高塔”。

## 【活动前准备】

### 1. 活动材料

A组材料:10厘米 × 15厘米卡纸,2根吸管,2枚回形针。

两组材料

B组材料：2张邮政标签纸，2根手工木棒，2根筷子。

## 【活动步骤】

**1.** 分析选择材料。A组材料有卡纸，可以折叠自主站立，吸管间可以相互连接，且有固定的长度，有较强的机械强度。B组材料中，棒状物体较多，但缺乏捆扎材料。由此来看，A组材料更具有可操作性。

**2.** 利用A组材料，开始制作"高塔"。将卡纸沿长边折起，留出1厘米宽的一条边，其余部分均等分成3份折起，用回形针将卡纸固定。

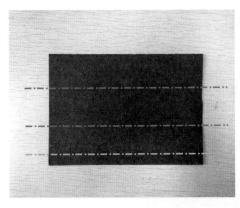

折叠卡纸

固定卡纸

**3.** 将一根吸管一头捏扁，插入另一吸管中，将两个吸管连接。在卡纸一角的两边撕开两个小口，两口的距离约等于吸管的宽度，插入吸管固定。

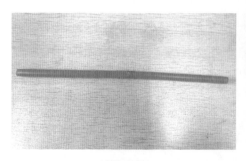

连接吸管

吸管与卡纸连接

**4.** 取另一张卡纸沿长边均等撕成4份,取其中2份,再沿长边对折。两纸条的一端各撕开一个小口,两口长度相同,将两口十字插起来。

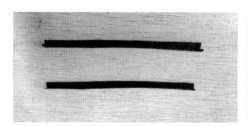

撕纸条

连接纸条

**5.** 将剩余的卡纸塞在吸管的一端,固定细卡纸条,高塔就完成了。

完成作品

## 【原理解析】

卡纸具有一定的强度,折成三角形可以稳稳地站立,能够制成一个较为稳固的底座。塔身由吸管制成,质量轻,机械强度高,容易独自站立。高度越高,上部的质量越轻越稳定,因此最上面一段选择四分之一的卡纸,质量减半,结构更容易稳定。此结构上部的质量都压在底座的一端,因此在搭建上部时注意重心不要偏移。

## 【延伸阅读】

英国巨石阵约建于公元前4000—2000年,是欧洲著名的史前时代文化神庙遗址,位于英格兰威尔特郡索尔兹伯里平原。巨石阵由巨大的石头组成,每块约重50吨。它的主轴线、通往石柱的古道和夏至日早晨初升的太阳,在同一条线上;另外,其中还有两块石头的连线指向冬至日落的方向。据科学家估测,按照当时的科学水平,需要一万人工作一年才能完成巨石阵的建造,建造过程中最有难度的就是架设在"二楼"的巨石了。

# 6 充满力量的波浪纸桥

## 【背景知识】

薄薄的一张A4纸,重量只有4.5克,厚度仅约1毫米,看似弱不禁风,那么它能承受多少重量呢?

纸结构模型承重是一种力学现象,就好像在电影电视中,有人表演站立在一排鸡蛋上的原理一样,一张纸立在桌子上是很困难的,但是把它折一下,或者卷成圆形,不但能立起来,还能在上面压一小块重物。也就是说,通过改变纸张的形态可以提高纸张的抗压能力。

下面这个实验,就是通过改变一张A4纸的不同形态,测验它到底可以承受多少重量。

## 【活动前准备】

### 1. 活动材料

A4纸,剪刀,两个硬纸板做的"桥墩",装满水矿泉水瓶。

## 【活动步骤】

**1.** 用剪刀将A4纸沿着长边裁成较宽和较窄的两个部分。

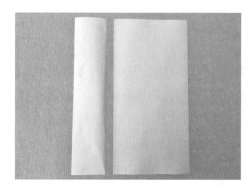

裁剪A4纸

**2.** 将较宽的部分折成波浪状,每道折痕尽量压实。

折成波浪状

**3.** 将两个"桥墩"左右放好,用尺测量出中间跨度为20厘米,再把波浪状的纸架在"桥墩"上。

架上"桥墩"

4. 将较窄的部分纸张沿长边对折,并把对折后的纸平铺在波浪纸上面形成"桥面",这样波浪桥就基本完工了。

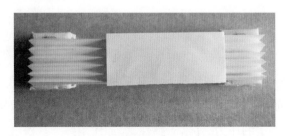

平铺"桥面"

5. 将重物放置在桥面上,大胆地尝试一下,看看你的波浪桥能够承载的最大重量是多少?

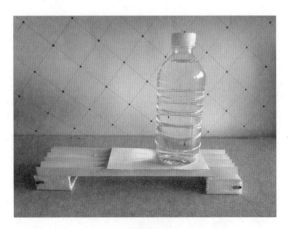

测试承重力

## 【原理解析】

一张纸在不经过任何处理的情况下,能承重多少呢?显然这张纸非常的"软弱",就连一个轻轻的塑料杯都支持不住。纸的硬度或结构所能支撑的重量和纸本身的重量没有直接关系,这个实验的重点是纸的结构而不是纸本身,我们通过改变纸的形状、结构,试图让纸承受了比它本身重量大得多的物品。经过几次不同的尝试,有纸"桥面"的波浪"纸桥"完成了这个"重量级"任务,波浪状更多地分散了矿泉水瓶对"纸桥"的压力,"桥面"则增加了整个"桥"的稳定性，最终，"柔弱"的A4纸变成了稳稳当当的纸桥，承受了看起来不可能承受的重量。

## 【延伸阅读】

瓦楞纸板又称波纹纸板。由至少一层瓦楞纸和一层箱板纸（也叫箱纸板）粘贴而成，具有较好的弹性和延伸性。瓦楞纸板的瓦楞波纹好像一个个连接的拱形门，相互并列成一排，相互支撑，形成三角结构体，具有较好的机械强度，从平面上也能承受一定的压力，并富于弹性，缓冲作用好。瓦楞纸主要用于制造纸箱、纸箱的夹心以及易碎商品的其他包装材料，我们日常生活中经常用到的快递纸箱，就是应用瓦楞纸板制成的。

张美莲

# 趣味编程

## ▎机器人舞起来

### 【背景知识】

同学们一定听说过编程吧,不知道大家有没有听说过VC++、Visual Basic这些软件呢?这些都是高等编程软件,没有专业学习过编程语言的人很难上手,那有没有一款适合我们学习的编程软件呢?

Scratch是由美国麻省理工学院开发的程序软件,专门为8岁以上儿童设计,通过Scratch语言,计算机编程的初学者也可以创造性地设计出属于自己的程序。Scratch是属于"积木组合式"的程序语言,采用拖曳、组合的方式来设计程序,取代了传统的打字,免除命令输入错误的困扰。另外,它也是"可视化"的程序语言,就像一般的Windows软件"所见即所得"的功能,不像一些程序语言需要经过复杂的"编译"过程才能看到结果。因此,Scratch把程序设计变得简单、有趣了。

### 【活动前准备】

1. 活动材料

能连接到互联网的计算机。

### 【活动步骤】

1. 打开浏览器,登录官方网站页面:http://scratch.mit.edu/。

2. 在页面中找到下载页面,点击并下载Scratch软件。

3. 如果年龄小于13岁直接点击:Continue to Scratch download。

4. 根据计算机操作系统,选择合适的版本下载。

**5.** 选取存放文档位置。

**6.** 下载完成执行安装程序。

**7.** 选取安装目录,一般采用默认值就可以。

**8.** 安装完成后,系统会询问是否启动Scratch及在桌面建立捷径,采用默认选择,点击Finish按钮,完成下载。

**9.** 启动Scratch后是英文界面,两秒钟后Scratch会根据操作系统自动变成中文界面。

**10.** 依次查看标题栏、菜单栏、工具条、显示模式、程序指令区、角色资料区、脚本区、控制按钮、舞台区、新建角色按钮、角色列表区、程序指令分类、指令及程序码区、造型、声音、工具栏及舞台、角色及背景等功能区块。

**11.** 编辑跳舞机器人的角色脚本。

(1)单击绿旗按钮,机器人便开始伴随着音乐左右跳舞;

(2)单击红色按钮,机器人便停止舞蹈。

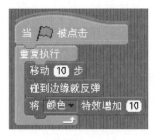

Robot1、Robot2、Robot3、Robort4 的脚本

Disco Cube 的脚本

舞台的编码

## 【活动结果分析】

此例虽然有6个角色,但是4个机器人角色的脚本是相同的,舞台的脚本主要是播放背景音乐。

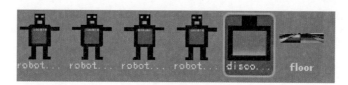

角色分析

【延伸阅读】

我们已经学会Scratch软件的下载和安装，并初步了解Scratch的界面分布。下面我们通过区块划分更清晰地展示Scratch的不同功能区域，一目了然，让你快速熟悉这款有趣的软件。

A. 标题栏：显示当前编辑的文件名称。

B. 功能栏：显示和文件有关的功能选项。

C. 指令模块区：存放八大模块的百种指令。

D. 脚本区：脚本在此编写，所有模块都有拖到此处进行脚本的编写。

E. 角色列表区：存放各个角色的区域，可以将角色由此拖入舞台。

F. 新增角色按钮：可以创建，导入，随机实现角色的添加。

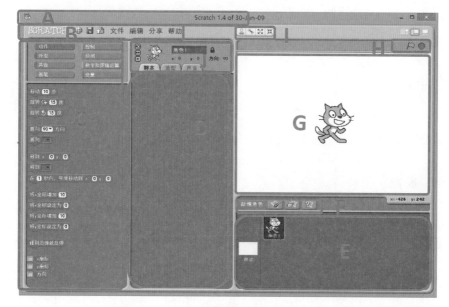

开始界面

G. 舞台：所有角色都要在此表演，可以将角色拖拽到舞台。

H. 控制按钮：负责播放和停止脚本。

I. 工具栏：可以控制角色大小，删除，复制。

J. 角色信息栏：显示角色的名称等相关信息。

# 2 我们一起来玩乒乓球

## 【背景介绍】

大卫现在四年级了，他特别热爱运动，平时喜欢各种活动，比如跑步、足球等。但他最喜欢的还是乒乓球，只要一有空他就会跑到乒乓球台上打乒乓球。但是，有时候人太多了，乒乓球台不够用，他只能看别人打，每次这时候他就想：要是打乒乓球不用在球台上打就好了，也就不用争乒乓球台了！你能帮大卫想个办法让他不用再排队等乒乓球台吗？

下面我们用Scratch模拟制作乒乓球游戏，制作这个游戏的关键步骤是让球碰到横线（球拍）即反弹，碰到边缘也反弹，并且侦测到球碰到红色（地面）时，游戏结束。

## 【活动前准备】

### 1. 活动材料

安装了Scratch软件的计算机。

## 【活动步骤】

**1.** 首先回想一下打乒乓球的过程：手握球拍，当球拍碰到乒乓球时，球反弹回去；对手用球拍将球打回来，双方互相接球；如果其中一方手中的球拍没有接住乒乓球，乒乓球落地，则失败，游戏结束。

**2.** 在Scratch中模拟乒乓球的运动轨迹。

**3.** 鼠标控制横线（球拍）。

4. 球碰到横线(球拍)就反弹回去。

5. 球碰到边缘就反弹回去。

6. 重复步骤4,5。

7. 如果横线没有接住乒乓球,乒乓球落下来碰到红色,则失败,游戏结束。

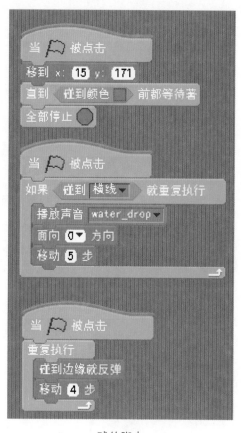

横线的脚本

球的脚本

## 【活动结果分析】

在上面的程序中,乒乓球只能朝一个方向运动,这与实际的乒乓球相差太远,大家可以考虑一下如何实现乒乓球在多个方向上运动,使我们的乒乓球游戏更加逼真。

本设计只有两个角色,角色数量虽然少,但是之间交互较多,尤其是画笔和舞台,注意利用好画笔模块语句和控制语句。

球的运动轨迹

# 3  小小魔术师

## 【背景介绍】

今天老师本来要领小朋友们去看露天魔术表演,但是突然下起了大雨,所以就去不成了。大家都很失望,这时,有什么办法能让小朋友不出门也能看到精彩的魔术表演呢?

先思考一下平时我们见到的魔术师都是怎么变魔术的? 他们都能变出什么呢? 然后用Scratch来实现魔术表演吧。

这个实例主要学习外观模块脚本的使用,关键是用广播脚本块恰到好处地控制角色造型的切换。

## 【活动前准备】

### 1. 活动材料

安装了Scratch软件的计算机。

## 【活动步骤】

**1.** 想一想平时我们见到的魔术师都是怎么变魔术的?

(1)出现烟雾,烟雾消失后魔法师出现,并自我介绍。

(2)魔法师的帽子从头上飞到手里,并翻转。

(3)帽子中出现烟雾,并变出一只小蝴蝶,小蝴蝶飞走。

(4)帽子中出现烟雾,变出小黄猫喵喵,喵喵消失。

(5)最后从帽子中变出一支玫瑰花,魔术结束。

**2.** 那大家再来思考一下,如果在Scratch中想要利用外观脚本来制作变魔术游戏,步骤应该是怎样的呢? 大家可以结合魔术师实际变魔术的步骤来制作。

**3.** 按照下列图中所示,分别制作舞台、魔术师贝贝、烟雾、蝴蝶、帽子、小猫喵喵、玫瑰花、"the end" 的脚本。

舞台的脚本

当 ▷ 被点击
隐藏

当接收到 1▼
显示
切换到造型 roundman1▼
等待 1 秒
切换到造型 roundman▼
等待 1 秒
切换到造型 roundman1▼

当接收到 10▼
广播 大家好▼
说 大家好，我是魔术师贝贝！今天由我给大家表演魔术！ 7 秒
广播 11▼

当接收到 大家好▼
播放声音 大家好▼

当接收到 4▼
广播 哈哈▼
说 哈哈，小朋友们，知道下面我能变出什么么？ 6.5 秒
广播 见证奇迹▼
说 下面就是见证奇迹的时刻！ 3.5 秒
广播 倒数3秒▼
说 跟我一起倒数3秒吧！ 3.5 秒
广播 321▼
等待 1 秒
说 3！ 1 秒
说 2！ 1 秒
说 1！ 1 秒
切换到造型 roundman▼
等待 1 秒
切换到造型 roundman1▼
等待 1 秒
广播 5▼

当接收到 哈哈▼
播放声音 哈哈下面▼

当接收到 见证奇迹▼
播放声音 见证奇迹▼

当接收到 倒数3秒▼
播放声音 倒数3秒▼

当接收到 321▼
播放声音 31▼

当接收到 14▼
切换到造型 roundman1▼
等待 1 秒
切换到造型 roundman▼
等待 1 秒
切换到造型 roundman1▼

当接收到 3▼
广播 玫瑰花▼
说 哈哈，最后送给大家一朵玫瑰花吧！ 5 秒
切换到造型 roundman1▼
等待 1 秒
切换到造型 roundman▼
切换到造型 roundman1▼
等待 2 秒
广播 12▼
广播 谢谢大家▼
说 谢谢大家！ 1.5 秒
说 再见！ 2 秒
广播 1▼
等待 1 秒
隐藏

当接收到 玫瑰花▼
播放声音 玫瑰花▼

当接收到 谢谢大家▼
播放声音 再见▼

魔术师贝贝的脚本

当 ▷ 被点击
隐藏
移到 x: -119 y: -116
移至最上层
切换到造型 造型3▼
显示
广播 14▼
等待 0.5 秒
切换到造型 造型2▼
等待 0.5 秒
切换到造型 造型1▼
等待 0.3 秒
广播 1▼
等待 0.3 秒
隐藏

当接收到 2▼
移到 x: -38 y: -127
切换到造型 造型3▼
显示
等待 1 秒
切换到造型 造型2▼
等待 1 秒
隐藏

当接收到 5▼
切换到造型 造型3▼
显示
等待 1 秒
切换到造型 造型2▼
等待 1 秒
隐藏
广播 6▼

当接收到 7▼
切换到造型 造型2▼
移到 x: -35 y: -104
显示
广播 8▼
等待 1 秒
隐藏
广播 9▼

当接收到 13▼
切换到造型 造型1▼
移到 x: -128 y: -112
显示
等待 1 秒
隐藏

烟雾的脚本

当 ▷ 被点击
隐藏
移到 x: -32 y: -114
重复执行 100 次
    切换到造型 butterfly1-b▼
    等待 0.5 秒
    切换到造型 butterfly1-a▼
    等待 0.5 秒

当接收到 3▼
显示
在 3 秒内，平滑移动到 x: 268 y: -4
隐藏
广播 4▼

蝴蝶的脚本

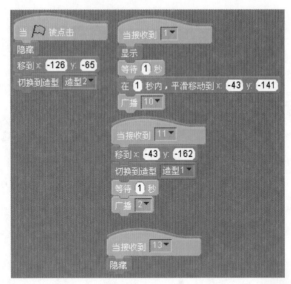

帽子的脚本

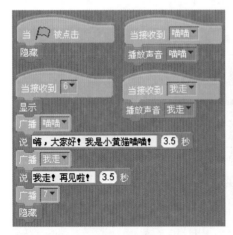

小猫喵喵的脚本

"the end" 的脚本

玫瑰花的脚本

## 【活动结果分析】

我们的魔术师贝贝给我们表演了精彩的魔术，可是他自己的造型都没有变过，你能不能帮我们的魔术师在变魔术的过程中给自己变造型呢？

这个活动有7个角色和1个舞台，各个角色按照顺序在相应的时间出现，是靠广播和改变造型来实现。

角色分析

# 4　大鱼吃小鱼

## 【背景介绍】

小朋友们平常一定都玩过各种小游戏吧,比如大鱼吃小鱼等。大家想不想自己亲手用电脑做一个这样的小游戏呢?

这是个综合性很强的实例,其关键在于利用侦测和控制脚本实现大鱼吃小鱼的过程,大家平时都是玩游戏,这次要试一试自己亲手制作游戏哦。

## 【活动前准备】

1. 活动材料

安装了Scratch软件的计算机。

## 【活动步骤】

**1.** 回忆一下平常我们玩的大鱼吃小鱼的游戏都是怎样的流程:出现大鱼和小鱼,大鱼追到小鱼,吃掉小鱼,游戏结束。

**2.** 在Scratch软件中,选取goldfish和hungry fish两个角色,让它们显示在舞台上。

**3.** 设置大鱼跟随鼠标移动,随着鼠标的移动变换方向、位置等。

**4.** 当大鱼的嘴接触到小鱼时,大鱼切换造型,小鱼设置为隐藏。

**5.** 停止。

Goldfish 的脚本　　　　　　　　　hungry fish 的脚本

## 【活动结果分析】

　　1. 角色分析：本设计有两个角色和一个舞台，角色数量不多，但是涉及的脚本比较综合，注意利用控制和移动模块，并以侦测、数字和逻辑运算作为辅助。

　　2. 这个作品中只有1条小鱼，被大鱼吃掉后就没有了，有什么方法能让我们的大鱼吃小鱼游戏中源源不断地随机出现小鱼呢？

角色分析

# 5　电子相册

## 【背景介绍】

　　大家一定见过电子相册吧，那是声音和图片的搭配、转换，现在大家思考一下，我们应该如何使用我们所学习的Scratch软件来实现这种图片转换？

思考：1. 运用Scratch来实现，需要建立很多角色吗？

2. 如何控制背景音乐的播放和暂停？

这个实例主要训练声音程序指令的使用，制作的案例具有非常强的灵活性，你可以自由发挥，制作自己喜爱的作品。

## 【活动前准备】

### 1. 活动材料

安装了Scratch软件的计算机。

## 【活动步骤】

**1.** 创建从数字1到数字5的五个角色以及秒针样子的角色。每个角色开始时设置为隐藏状态，点击"绿旗"开始以后，开始进行5秒的倒计时。

**2.** 在秒针角色中设置一个变量，来使用这个变量控制数字角色的显示与消失，秒针每转一圈，数字便减小一个数。

**3.** 创建一个角色，在角色中插入多种造型，这些造型便是切换的图片。当倒计时结束后，开始进入此角色中造型的相互切换，在角色切换的同时，播放背景音乐。

**4.** 背景音乐只播放一遍，结束后，图片的切换也结束。转入最后一个表示结束的角色，出现最后一张致谢图片。

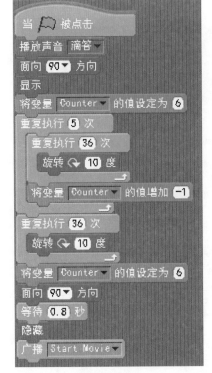

角色1的脚本

角色2的脚本

角色3的脚本

角色4的脚本

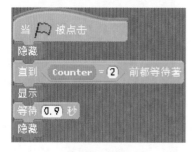

角色5的脚本

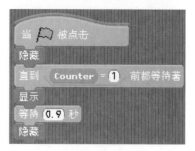

角色6的脚本

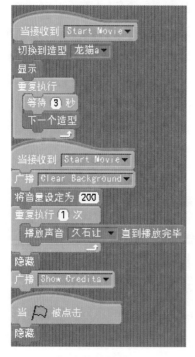

角色7的脚本

角色8的脚本

舞台的脚本

## 【活动结果分析】

1. 角色分析：此案例共有八个角色，其中角色7有多个造型，每个造型便是转换的图片。

角色分析

2. 通过这个活动的制作，你已经基本掌握了声音程序指令的使用，而且还初步了解了变量的使用。在这个活动的基础上，思考一下，如何添加多个背景音乐？然后试一试，为你的家人和同学做一个更加丰富的相册吧。

# 6 给力吸铁石

## 【背景介绍】

小明是一名三年级的学生，他特别喜欢动手做实验，平时总是在抱着家里的工具箱研究各种工具的使用方法。有一天他发现了一块磁铁，这块磁铁可以吸起很多钉子、曲别针，还有各种各样的铁制品。他想把这个神奇的现象做成小程序，参加学校"生活中的小程序"比赛。你们能想个办法帮帮他吗？让他可以完美再现磁铁神奇的吸力。

## 【活动前准备】

1. 活动材料

安装了Scratch软件的计算机。

【活动步骤】

**1.** 回想一下平时我们用磁铁吸东西时候的情形：拿起磁铁，将磁铁靠近放在桌上的回形针，回形针被吸附在磁铁上；磁铁靠近钉子，钉子也被吸附在磁铁上。

**2.** 打开 Scratch 软件，用绘图工具绘制一个磁铁。

**3.** 鼠标移动控制磁铁移至对象1，即回形针方向。

**4.** 回形针随磁铁移动后再一起接近对象2，即钉子。

**5.** 按空格键，使两个对象回到初始位置，停止。

舞台的脚本

磁铁的脚本

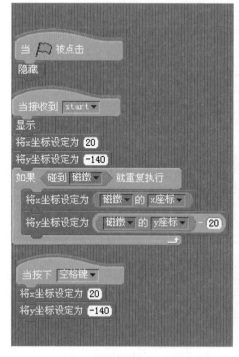

回形针的脚本

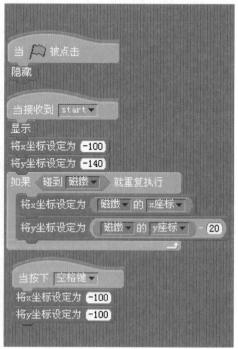

钉子的脚本

## 【活动结果分析】

1. 角色分析：这个程序只有三个角色，角色数量虽然少，但是之间交互较多，用鼠标操纵磁铁去吸铁，并让物体随着磁铁一起移动为重难点。注意利用好侦测模块语句和控制语句。

角色分析

2. 我们刚刚只设计了"吸引"这个动作，事物都有两面性，有吸就有"反弹"。我们可以试着设计一个对象，当磁铁接近它的时候，它就弹开，就像同极相斥的现象。

# 7  点亮灯泡

## 【背景介绍】

小李的爸爸是物理老师，家里有各种各样做物理实验的材料。有一天小李翻出了一节干电池，一个电灯泡、一个开关，还有几根电线。在父亲的指导下，小李明白了点亮电灯的原理。但是具体操作的时候，小李发现家里的电线不够，于是，他想用软件来把爸爸讲解的实验呈现出来。你可以帮帮他吗？

构建简单电路，关键步骤是让三个对象（即开关、电灯泡、电池）分别与导线连接上，联通标准为黄点碰到黄点，与此同时，绿点也要碰到绿点，然后鼠标放到开关上的时候，灯泡才会亮。

## 【活动前准备】

### 1. 活动材料

安装了 Scratch 软件的计算机。

【**活动步骤**】

**1.** 回忆一下,点亮灯泡的具体步骤:准备好电池、灯泡、开关,分别将电池、灯泡、开关连接到电路的三个缺口上,打开电源开关,灯泡亮了。

**2.** 打开 Scratch 软件,用绘图工具绘制三个对象。

**3.** 用鼠标控制三个对象,将其分别移至电路的接口处。使其黄色与黄色重叠,绿色与绿色重叠。

**4.** 将鼠标移至开关,合上开关,灯泡亮起。

**5.** 停止。

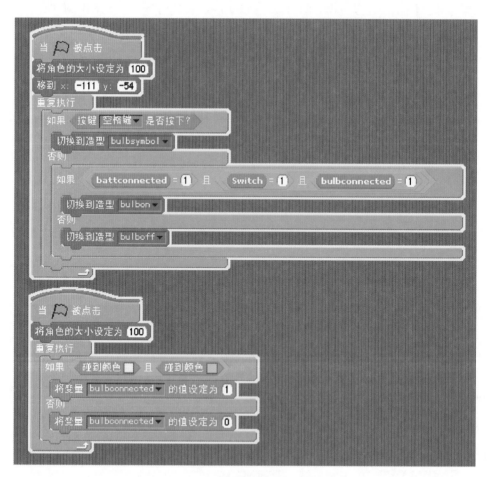

电灯泡脚本

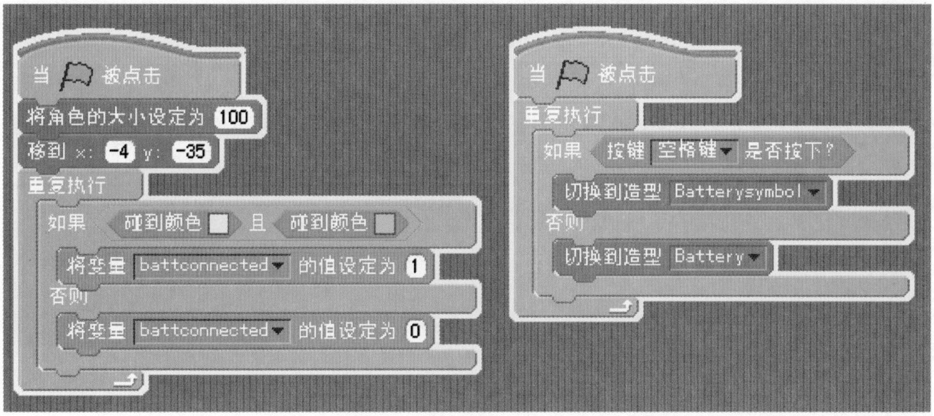
当 被点击
将角色的大小设定为 100
移到 x: -4 y: -35
重复执行
如果 碰到颜色 且 碰到颜色
将变量 battconnected 的值设定为 1
否则
将变量 battconnected 的值设定为 0
当 被点击
重复执行
如果 按键 空格键 是否按下?
切换到造型 Batterysymbol
否则
切换到造型 Battery

电池脚本

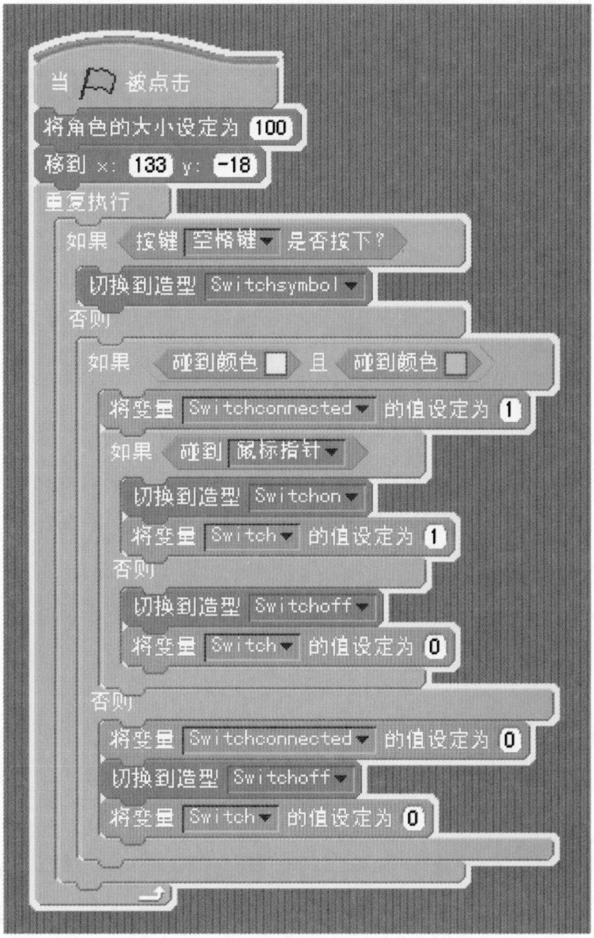
当 被点击
将角色的大小设定为 100
移到 x: 133 y: -18
重复执行
如果 按键 空格键 是否按下?
切换到造型 Switchsymbol
否则
如果 碰到颜色 且 碰到颜色
将变量 Switchconnected 的值设定为 1
如果 碰到 鼠标指针
切换到造型 Switchon
将变量 Switch 的值设定为 1
否则
切换到造型 Switchoff
将变量 Switch 的值设定为 0
否则
将变量 Switchconnected 的值设定为 0
切换到造型 Switchoff
将变量 Switch 的值设定为 0

开关脚本

## 【活动结果分析】

舞台与另外三个角色的互动十分重要,必须黄点与黄点相连,绿点与绿点相连,灯泡才有可能亮起来。此时,控制语句就是重中之重了。条件语句、变量以及数字逻辑运算均为重难点,尤其要注意控制语句以及逻辑运算。

角色分析

# 8 西餐文化之旅

## 【背景介绍】

小明就读于一所外国语小学,圣诞节马上就要来了,他的美国好朋友Mike邀请小明一起去家里过节。可是小明从来都没有吃过西餐,更不知道西餐有哪些基本的礼仪。你能帮助小明快速学习西餐礼仪吗?制作一个小程序来帮帮他吧。

这个活动的关键步骤是让对象(即各种餐具)跟随鼠标移动,找到正确的摆放位置,在按下鼠标的同时说出正确的名字,并且这过程中还包含条件语句,这跟实际生活中摆放物品是同一原理。

## 【活动前准备】

1. 活动材料

安装了Scratch软件的计算机。

## 【活动步骤】

**1.** 准备好一张西餐餐具底图,设置好所需的餐具。

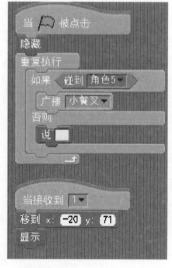

餐具的代码

2. 根据西餐的标准,设置摆放餐具的位置。

3. 制作脚本,使鼠标碰到每一个餐具的时候,都能显示该餐具的名称。

## 【活动结果分析】

虽然餐具的数量非常多,但是这个活动中要实现的功能是一样的,只要学会一个就能融会贯通。注意利用好控制语句。

# 9 打地鼠

## 【背景介绍】

小朋友们一定都玩过打地鼠的游戏,你们想一下,你们曾经玩过的打地鼠游戏都是怎样的过程呢? 出现地鼠、地洞和小锤子等。倒计时开始,用锤子敲击随机冒出来的地鼠,地鼠被敲击时变成哭脸。地鼠被敲中的话,即可得分,最后统计在同一时间段内,谁击中的地鼠数量多,谁就是冠军。你想不想自己制作一个打地鼠游戏呢?

【活动前准备】

1. 活动材料

安装了 Scratch 软件的计算机。

【活动步骤】

**1.** 打开 Scratch 软件,选择角色。

**2.** 随着时间变量的增加,舞台上显示倒计时。

**3.** 按下鼠标时,锤子切换造型。

**4.** 地鼠接触到锤子时,切换造型。

**5.** 若地鼠被敲中一次,分数变量增加 1 次,若敲击 1 次,敲击次数增加 1。

**6.** 时间变量增加到 30,时间到,命中率为分数 / 次数。

**7.** 停止。

角色 12(即标题页)的脚本

锤子的脚本

报告分数的地鼠的脚本

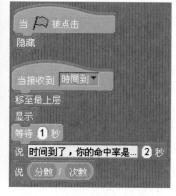

地鼠的脚本                                            地鼠的脚本

## 【活动结果分析】

在这个程序中,只出现了地鼠一种对象,我们可以尝试更复杂的玩法。比如除地鼠外,设置其他不同的对象,敲到地鼠的时候加分,敲到其他对象的时候减分,来增加游戏的难度,从而使游戏更具趣味性。

# 10　简单迷宫

## 【背景介绍】

小杰最近迷上了迷宫,买了各种各样的迷宫游戏回家玩。妈妈总是说他:"你要是学习有这个劲头就好了。"爸爸却鼓励他:"你既然这么爱玩迷宫游戏,自己也做一个出来呗。"于是小杰就想用计算机软件来把迷宫游戏给做出来了。我们也尝试做一个有趣的迷宫游戏吧。

## 【活动前准备】

1. 活动材料

安装了 Scratch 软件的计算机。

## 【活动步骤】

1. 打开 Scratch 软件,选择角色。
2. 用绘图工具绘制一幅迷宫地图。
3. 按键盘上下左右键操控角色移动。
4. 如果碰到红色边缘,角色回到起点。
5. 当碰到绿色终点时,弹出 "yeah!"
6. 停止。

## 【活动结果分析】

1. 大家有没有什么办法可以让我们的迷宫变得更有挑战性呢? 或者更加美观? 我们还能够做些什么让这个迷宫游戏变得更加有意思呢? 比如添加一些障碍物或者宝箱什么的,积分游戏是不是也很好呢? 那我们就来思考一下如何完成这个效果吧!

2. 角色分析:这个活动仅有两个角色,重点就是用键盘控制角色进行上下左右的运动。其与舞台的互动为:一旦碰到舞台上非通道颜色(即红色)便会回到起点,重新开始。所以键盘控制运动与碰到红色便回到起点,这两个为重难点。尤其注意侦测脚本。

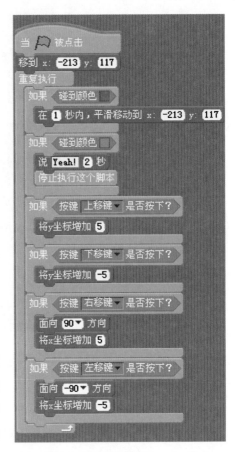

角色脚本

角色分析

七

陈宏宇　陆英华

# 玩转三维建模

## ▌认识123D软件

### 【背景知识】

想必大家对于3D打印技术已经非常的熟悉了,我们可以通过多种途径去购买一台3D打印机,可是打印机里面的模型程序是怎么来的呢？今天,我就带领大家来了解一下,模型程序是怎么来的。

其实这些模型程序是有多种途径的,最简单的就是三维成像仪,可以通过摄像头进行扫描,把一个物体的三维结构图导入到电脑中,然后通过打印机自带的切片软件进行编译,形成3D打印机的打印程序。还有一种就是用电脑上面的三维设计软件进行模型的绘制,来完成我们的模型程序。

### 【活动前准备】

1. 活动材料

安装了123D软件的计算机。

### 【活动步骤】

**1.** 通过网络下载等方式安装123D软件。

**2.** 安装123D软件后,电脑桌面上会出现下图所示的快捷方式。点击这个快捷方式,就进入到123D的主界面了。

**3.** 选择新建一个项目。

**4.** 此时,就进入了123D软件的编辑界面了。这里我们会看到里面有一张有很多方格子的地面,这个就是我们作图

软件标志

开始界面

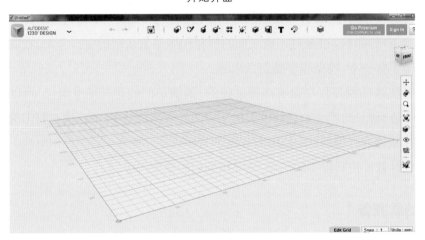

作图底板

的底板。每一个方块的长和宽均为5毫米。这里的尺寸和我们实际打印出来的尺寸是一样的。

5. 软件顶端一栏,是软件的工具栏,可以通过选择工具栏中的程序按钮,进行图形的绘制以及尺寸修改、样式修改等操作。

工具栏

**6.** 页面顶端靠左的位置,有一个向下指的箭头头,鼠标点击这个箭头,可以点开后下拉菜单,让我们逐一认识一下这个菜单中的命令。

**7.** 认识了这些命令功能之后,我们就对这个软件有了一个粗浅的了解。接下来,让我们在实际的操作中学习运用这款软件吧。

菜单栏

## 【延伸阅读】

3D是Three-Dimensional的缩写,指三维图形。通常我们说的三维是指在平面二维系中又加入了一个方向向量构成的空间系。三维既是坐标轴的三个轴,即x轴、y轴、z轴,其中x表示左右空间,y表示前后空间,z表示上下空间(不可用平面直角坐标系去理解空间方向)。在实际应用方面,一般把用x轴形容左右运动,而z轴用来形容上下运动,y轴用来形容前后运动,这样就形成了人的视觉立体感。三维是由一维和二维组成的,二维即只存在两个方向的交错,将一个二维和一个一维叠合在一起就得到了三维。

## 2 绘制立方体

### 【背景知识】

立方体是我们整个三维模型绘制中,最基本的一个几何体,许多的模型都是以立方体作为基准的。立方体的尺寸我们通常用长、宽、高来表述,而在123D软件中,也是如此。

### 【活动前准备】

#### 1. 活动材料

安装了123D软件的计算机。

## 【活动步骤】

**1.** 鼠标选择工具栏中的方块按钮,可以通过下拉菜单看到 "Box" 按钮。

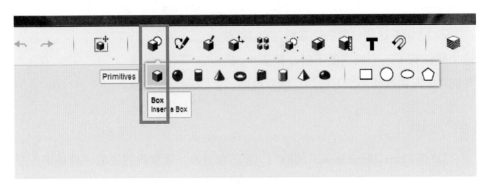

方块按钮下拉菜单

**2.** 点击 "Box" 按钮,底板上即可出现一个立方体。通过调整画面下方 Length(长)、Width(宽)以及 Height(高)数据,可以绘制特定尺寸的立方体(这里的单位为毫米)。

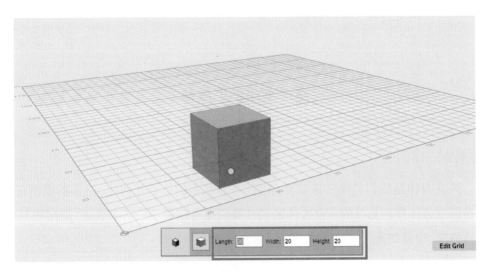

绘制方块

**3.** 绘制完成立方体之后,我们可以用鼠标左键选择位置之后 "放好" 立方体。

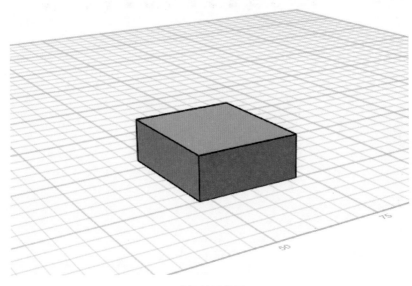

选择放置位置

**4.** 使用鼠标中间的滚轴可以对画面进行缩小和放大。这里的缩小和放大，只是画面在变化,立方体的实际尺寸不变。

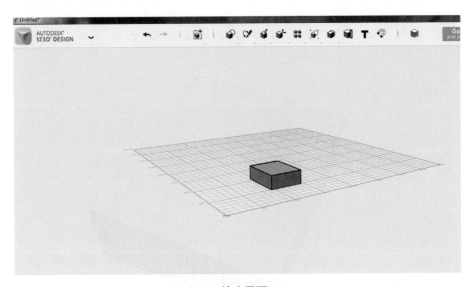

缩小画面

**5.** 按下鼠标右键,摇动鼠标,即可通过360°旋转画面观察立方体的大小、位置。

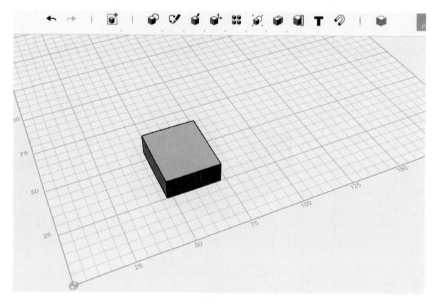

俯视视角

**6.** 按下鼠标的中键，还可以对画面进行移动。双击鼠标中键可以对所画的图形进行放大定位。

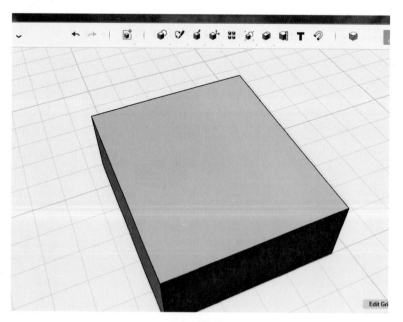

放大视角

# 3  绘制更多立体图形

## 【背景知识】

在日常生活中,足球、篮球、筷子、粉笔等,都是常见的圆柱体和球体的物品。在数学中,圆柱体和球体也是很常见的图形。123D软件中,圆柱体的底座圆心、球体的半径是决定圆柱体大小的关键。基于前面我们对这个软件的基本认识,你可以用它制作出圆柱体和球体吗?

## 【活动前准备】

### 1. 活动材料

安装了123D软件的计算机。

## 【活动步骤】

**1.** 鼠标选择工具栏中的方块按钮,可以通过下拉菜单看到 "Cylinder"(圆柱体)按钮,点击这个按钮,在底板上得到圆柱体。

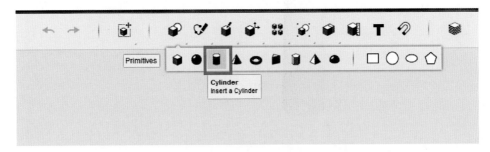

圆柱体按钮下拉菜单

**2.** 在圆柱体模型底部的数据框中,根据需要输入圆的半径以及圆柱体的高度。同时圆柱体底部的小圆圈就是圆心。

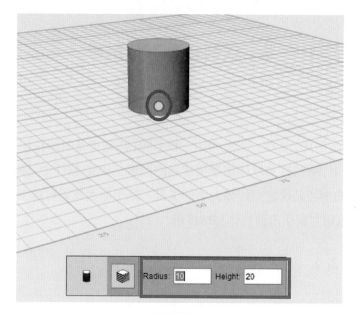

圆柱体圆心

**3.** 通过修改 "Radius"（圆心半径）和 "Height"（高）的数值，就可以得到大小不同的圆柱体。

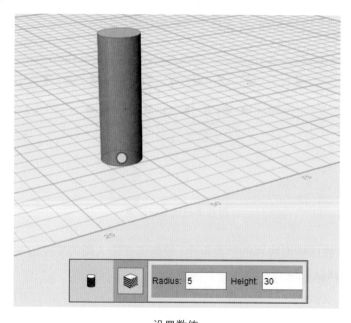

设置数值

**4.** 同样在工具栏中，可以通过下拉菜单看到"Sphere"（球体）按钮，点击这个按钮，在底板上得到球体。

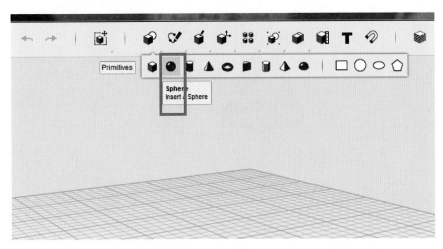

球体按钮下拉菜单

**5.** 在球体图形中同样有一个圆点，这个圆点就是球圆心的投影。通过修改"Radius"（圆心半径）的数值，就可以得到大小不同的球体。

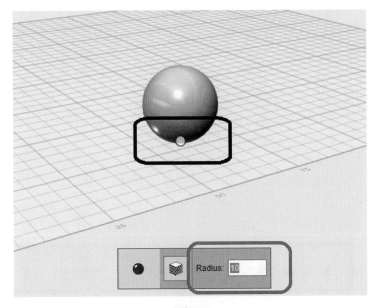

球体圆心

**6.** 采用同样的方式,试一试绘制圆锥体、棱锥体和棱柱体吧。

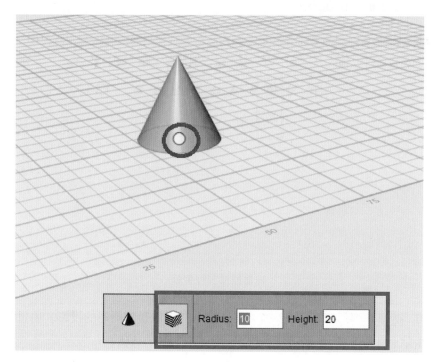

圆锥体

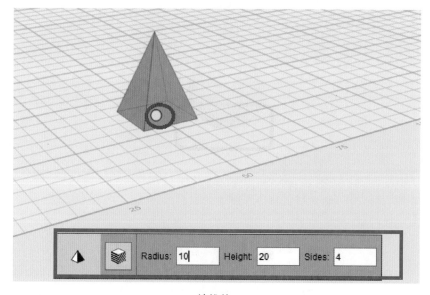

棱锥体

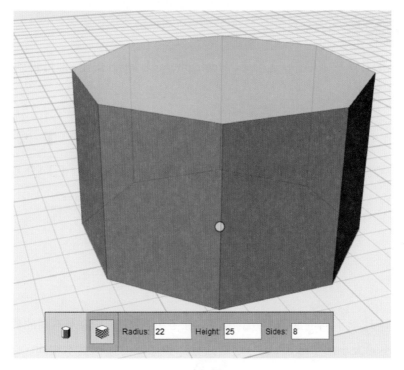

棱柱体

# 4　复杂图形的绘制

## 【背景知识】

除了之前我们已经绘制出的基本立体图形，123D中还有一部分其他的图形命令，例如半圆、圆环等。这些图形是一些比较特殊的图形，在其他的软件中，一般需要通过修剪的命令来实现，而在这款软件中，为了方便我们绘图，这些图形命令是已经设计完成，直接可以使用的。接下来就让我们来试验一下，如何绘制复杂图形吧。

## 【活动前准备】

### 1. 活动材料

安装了123D软件的计算机。

## 【活动步骤】

1. 在工具栏菜单中，选择半 "Hemisphere"（半球）按钮，即可得到一个半球形。

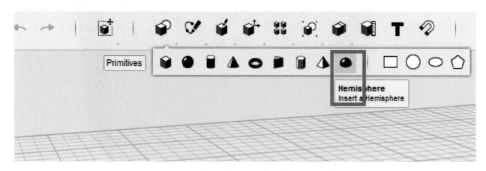

半球形按钮下拉菜单

2. 半球形下面的底圆有一个圆点，在下方数据框中输入不同的数字，即可得到不同大小的半球形，这与绘制圆柱体和球体的操作基本相同。

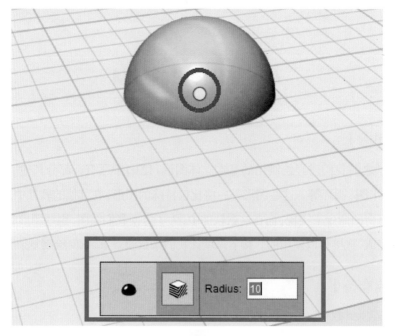

设置数值

**3.** 同样在工具栏菜单中，选择半 "Torus"（圆环）按钮，即可得到一个圆环形。

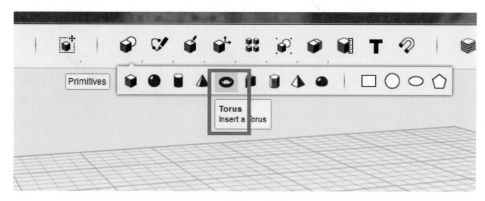

圆环形按钮下拉菜单

**4.** 圆环底圆（投影部分）的圆心，需要输入两个数值，分别是 "Major Radius"（中心圆环的半径）、"Minor Radius"（圆环内部半径）。

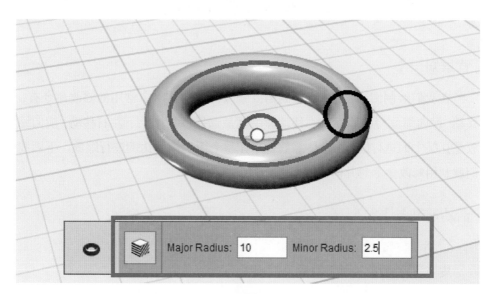

设置数值

**5.** 改变这两个数值，可以看到圆环大小粗细的变化。

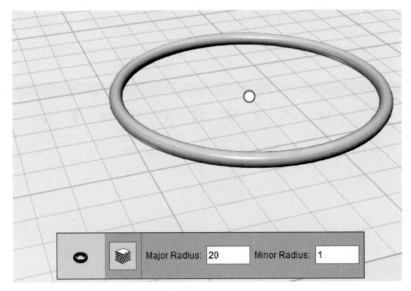

改变数值查看变化

# 5  修改几何体的面

## 【背景知识】

在我们绘制图形之后，会遇到需要修改尺寸的需求。常用的修改命令有：移动、横向缩放与整体缩放。移动命令就是选择该物体上下左右移动；横向缩放是让某个面进行缩放；整体缩放就是让整个图形按照比例进行缩放。下面我们就利用修改命令对几何体的面进行调整吧。

## 【活动前准备】

### 1. 活动材料

安装了 123D 软件的计算机。

## 【活动步骤】

**1.** 绘制一个棱柱体，鼠标点击棱柱体其中一个面，我们会看到一个齿轮的图标。

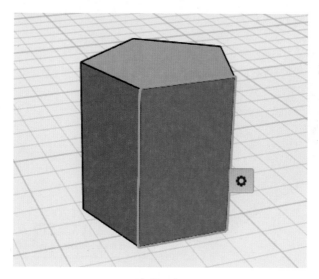

齿轮图标

**2.** 按下齿轮图标，可以看到3个选项，分别为面的多向伸缩、面的单向伸缩、其他图形。

（1）面的多向伸缩：点击3个方向键或者输入数值对面进行多个方向的改变。

面的多向伸缩

（2）面的单向伸缩：点击方向键或者输入数值对面进行单个方向的改变。

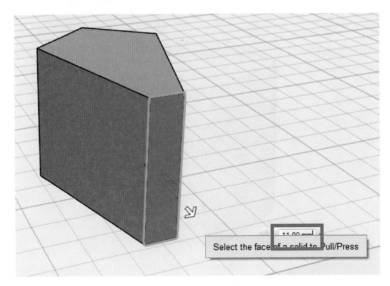

面的单向伸缩

（3）其他图形：通过变更"Thickness Inside"（内部厚度）数值和选择"Direction"（方向）来对图形进行修改。这里可以看到我们让原有的图形出现了一个挖空的状态。

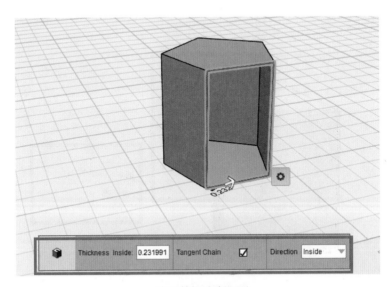

修改数据改变图形

**3.** 尝试用这个方法设计不同的图形吧。

# 6 并集、差集以及合集命令

## 【背景知识】

在三维模型绘制中,会运用到多个几何体的组合或者剪切,形成一个新的立体图形,此时,我们就需要运用到软件中三维编辑的命令去实现。

## 【活动前准备】

### 1. 活动材料

安装了123D软件的计算机。

## 【活动步骤】

**1.** 并集。

(1)绘制两个立方体,然后把他们放在一起。

(2)另一个立方体会自动地靠在原来的立方体上面,方便我们进行绘制。

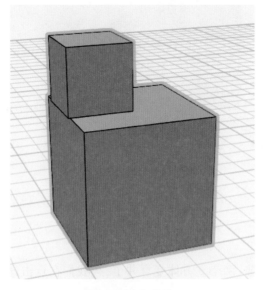

绘制两个立方体

（3）在工具栏中，选择"Merge"（并集）按钮。

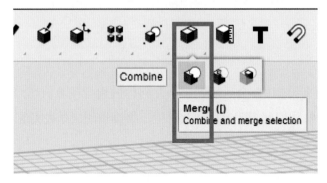

并集按钮

（4）同时选择两个立方体，当立方体的边框变成绿色时，即为选中。

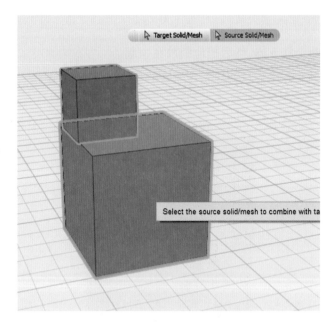

选中图形

（5）按下回车键，两个立方体变合并了，当我们在点击这个图形时，它就是一个整体的图形了。

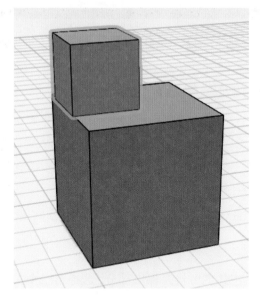

合并两个立方体

**2.** 差集

（1）绘制两个立方体，然后把他们交叠在一起。

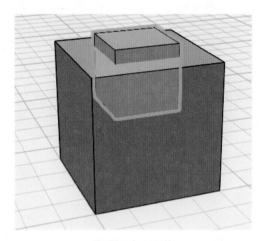

交叠两个立方体

（2）在工具栏中，选择"Subtract"（差集）按钮。

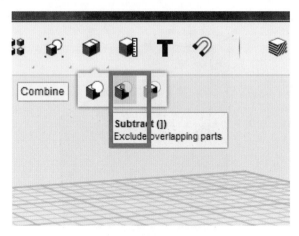

差集按钮

（3）选择第一个主体的时候是保留部分，选择第二个主体的时候是删除部分。选择之后按回车键，即可得到差集效果。

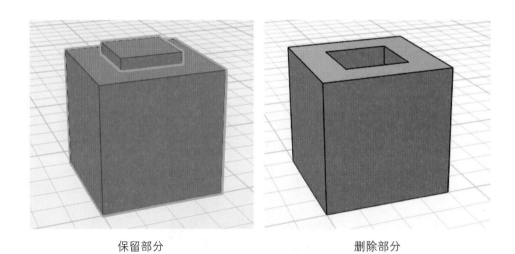

保留部分　　　　　　　　　　　　　删除部分

**3.** 合集。

（1）绘制两个球体，然后把他们交叠在一起。

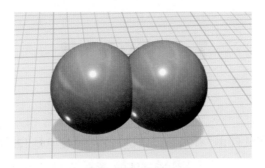

绘制交叠的两个球体

（2）在工具栏中，选择"Intersect"（合集）按钮。

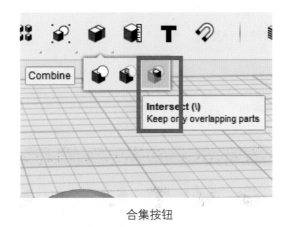

合集按钮

（3）同时选中两个球体，按下回车键，即可得到两个球体重合的部分。

选择图形

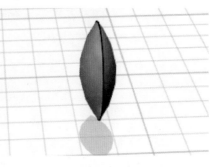

合集命令效果

**4.** 试着利用并集、差集以及合集绘制其他图形吧。

# 7　制作立体字牌

## 【背景知识】

在很多的绘图软件中，有很多可以进行写字的，但是 123D 软件有一个非常有趣的功能，可以将平面的文字变成立体的，然后进行打印就可以了。

## 【活动前准备】

### 1. 活动材料

安装了 123D 软件的计算机。

## 【活动步骤】

**1.** 在工具栏中选择 "Text"（文档）按钮。

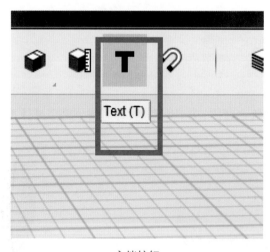

文档按钮

**2.** 在地板上双击鼠标左键，弹出文字编辑对话框，同时底板上面出现了 TEXT 字样，此时即进入编辑文字模式。

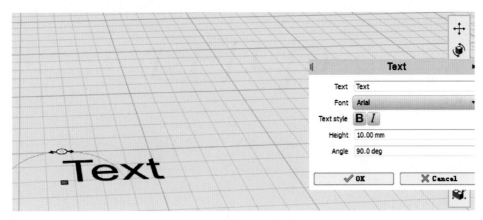

编辑文字模式

**3.** 在文字编辑对话框，"Text" 为文字编辑框；"Font" 为字体选择。同时也可以在这个编辑对话框中调整字体的大小、粗细、正斜体等。

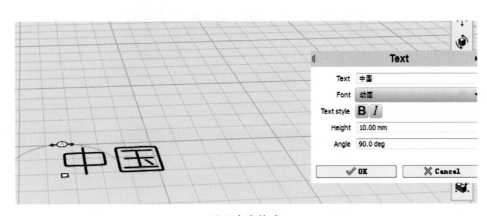

设置文字格式

**4.** 文字输入后，按下回车键，可得到平面图像。鼠标左键选择文字，会出现一个齿轮形状的图标。

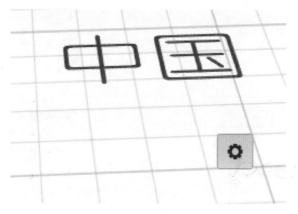

文字平面图像

**5.** 按下齿轮图标,选择拉伸命令。

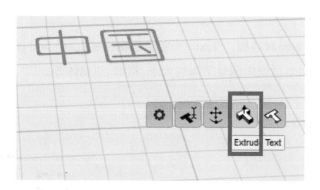

拉伸命令

**6.** 鼠标按下方向键或输入数值,就可以使字变成立体的啦。

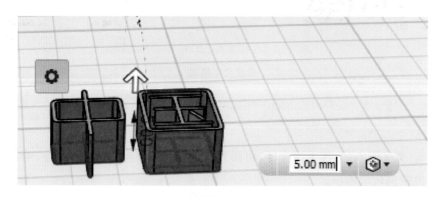

输入数值

7. 在底板空白处,绘制两个长方体,

8. 利用差集功能,将长方体变成一个框架。

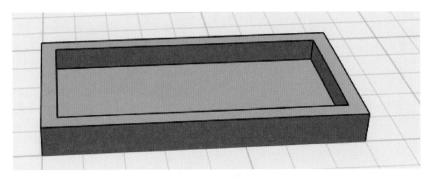

绘制长方体框架

9. 将刚刚写好的立体字,放入框中,选择合并,字牌就完成了。

完成字牌绘制